L'honneur
de la recherche

Marie-Paule Pileni

L'honneur de la recherche

PLON
www.plon.fr

92, avenue de France
75013 Paris
Tél. : 01 44 16 09 00
Fax : 01 44 16 09 01
www.plon.fr
www.lisez.com

Mise en pages : Facompo (Lisieux)
Dépôt légal : novembre 2020
ISBN : 978-2-259-27836-2

À Maman, qui m'a fait
une totale confiance et m'a toujours dit :
« Avance, tu vas tout gagner ! »
À Papa, que la maladie a osé m'enlever
et dont la devise était :
« Riez, souriez, travaillez, aimez. »
À Vannina, une fille d'exception,
qui est ma plus grande fierté.
Je ne la remercierai jamais assez
pour ses attentions quotidiennes
qui me donnent force, courage et énergie.
À Christophe, un brillant et honnête homme,
avec qui nous partageons tant de bons moments !
À Alix et Paul, qui connaissent déjà
le courage, l'éthique, le travail bien fait
et l'attention aux autres.
À tous ceux que j'aime
et qui sont trop nombreux pour les nommer :
je leur dois beaucoup, ils se reconnaîtront.

Prologue

Le chercheur est un créateur, un rêveur, un joueur d'échecs, un architecte. Chercheur n'est pas un métier. Je dirai plutôt que la recherche est une passion, dont on peut faire son métier.

Le chercheur passe sa vie à apprendre, à découvrir, à construire et à déconstruire, à scruter l'impossible pour avancer sans cesse vers l'horizon. Il sait où il veut aller, il se fixe un cap mais n'est jamais sûr de l'atteindre. C'est un cheminement à tâtons, un jeu, une construction. Un grand Lego*. Pas à pas, il bâtit son édifice. Il arrive qu'il y ait une rupture, quelquefois un « tremblement de terre » qui permet de modifier, d'améliorer la construction initiale et de donner naissance à un assemblage inédit. Le chercheur se promène dans le labyrinthe de la connaissance. Il est souvent un peu perdu, mais il progresse, en essayant de faire des expérimentations, des manipulations, d'introduire des variables, afin de prouver son hypothèse.

* Dans ce texte, j'appellerai Lego une construction intellectuelle pour étudier un sujet de façon ludique.

Ainsi donc, le chercheur se fixe un cap et tente de le suivre, soit pour mieux comprendre un phénomène, soit pour trouver une solution susceptible d'apporter un résultat indispensable à l'amélioration d'un procédé. S'il saute la première étape de cette aventure, une nouvelle ouverture lui permettra d'atteindre la seconde, puis la troisième, etc. Et s'il n'y parvient pas, il tentera de découvrir les raisons de cet échec. Il lui arrive aussi de tomber sur une impasse, qui l'oblige à revenir à ses premiers résultats et à prendre une orientation différente. Ce qui le fait parfois évoluer vers une voie de recherche qu'il n'aurait jamais imaginée et qui, s'il est chanceux, pourra aboutir à quelque chose d'inattendu. Il obtient quelquefois un résultat qu'il ne s'expliquera que des semaines, voire des années plus tard, à la suite d'une discussion sur un autre sujet ou de l'observation d'un autre résultat inopiné. Il a alors tendance à revenir en arrière pour mieux appréhender le système. Si son hypothèse se réalise, il en fera une nouvelle afin d'aller plus loin. Et il atteint parfois le bout du labyrinthe et réussit à prouver une splendide découverte, qui s'avérera utile à tous. Ou, si les résultats sont négatifs, il les utilisera pour trouver une voie différente. Ainsi, la Nature n'obéit pas toujours au chercheur, qui n'a pas la « science infuse », mais elle lui permet d'imaginer et de créer des processus inédits, susceptibles de révolutionner le monde.

Toute création nécessite un point de départ. On ne décide pas un matin de faire de la recherche parce que l'on vient de se réveiller d'un beau rêve. En revanche, on peut avoir envie de devenir chercheur. Comme aucune découverte ne se fait à partir de rien, cela vient soit d'une rencontre fortuite avec un scientifique qui a su transmettre sa passion, soit de l'identification d'un savoir qui manque dans son domaine d'intérêt. C'est un exercice extrêmement difficile. Une sorte de prison magique à ciel ouvert. Pour en sortir, il faut rêver, innover, avoir une vision de ce qui n'existe pas et qui va permettre de faire avancer les connaissances.

Personne ne peut créer seul. Il faut être au moins deux. Souvent beaucoup plus. Comme dans un tournoi de ping-pong ou de tennis. Si l'on ne vous renvoie la balle, impossible de jouer. En revanche, c'est mieux si l'on est nombreux. Alors, un plus un ne font plus deux, mais bien davantage. On a besoin de l'autre pour partager et, parfois, pour gagner.

Comme la recherche ne se fait jamais seule, les contributions peuvent être contradictoires, et donc déstabilisantes. Le chercheur doit garder son cap, sans omettre de tenir compte des critiques des autres, qu'elles soient constructives ou destructrices ! Une fois l'objectif atteint, l'édifice est stable. Mais ce dernier doit souvent être repensé, amélioré, sans s'y attacher de façon inconsidérée car, alors, le chercheur peut perdre son rôle de scientifique et devient un « sachant ». C'est la pire maladie que peut contracter un chercheur en bonne santé ! Les fanfarons n'ont pas leur place dans cette aventure.

Pour l'éviter, il lui faut poursuivre son chemin, devenir son propre maître et s'évader vers de nouvelles aventures qui restent, en général, toujours liées à la première, puis à la seconde, puis… La science ouvre un continent protecteur car le monde intellectuel permet de réellement s'épanouir. Il y a de la transcendance dans la recherche.

Il faut l'avoir vécu pour savoir ce qu'est le bonheur de faire une hypothèse et de la voir se réaliser. Mais il est un bonheur encore plus grand : celui de trouver des résultats inattendus, obtenus à partir d'une erreur de jugement et qui deviennent une vraie première scientifique. C'est une sorte de naissance que, la plupart du temps, les non-scientifiques ne comprennent pas. Quand on n'a pas vécu une telle expérience, parfois extrêmement difficile et perturbante, on ne peut imaginer à quel point cette activité est merveilleuse et combien l'exercer est une chance. C'est la raison pour laquelle on ne peut considérer cette aventure comme un métier et faire des plans de carrière. Demandez aux conjoints de ces chercheurs comme ils peuvent être agacés de se retrouver, lors de réunions prétendument extraprofessionnelles, parmi des gens qui ne pensent qu'à échanger des résultats ou des anecdotes n'intéressant qu'eux. Les discussions entre scientifiques sont insupportables pour ceux qui n'appartiennent pas à ce monde.

De nombreux chercheurs ne sont pourtant pas dans cet état d'esprit. Ils sont capables de faire d'excellents travaux. Mais ce sont des exécutants, pas des créateurs.

Il ne faut pas croire à cette image d'Épinal du savant rêveur, hors du temps, obnubilé par son Lego. Le chercheur est un homme ou une femme comme vous et moi. Parfaitement intégré à son époque. Souvent ambitieux. Quelquefois capable de toutes les malhonnêtetés pour atteindre son but. Il peut s'emparer des découvertes des autres, les mettre en valeur et se les approprier, même s'il est parfois très reconnu, bien traité dans nos sociétés et quelquefois nobélisé. Mais, pour moi, parce qu'il aura utilisé la recherche à des fins de pouvoir, il sera passé à côté de ces moments merveilleux où l'on est simplement heureux d'avoir réalisé une première scientifique.

La communauté scientifique évolue avec son temps, et ses codes changent. Le mode de travail, les publications, l'organisation de congrès se transforment. Les *fake news* se multiplient, comme partout ! L'une des raisons de ce changement est le besoin de reconnaissance qui passe, comme dans la plupart des professions, par « *How much money do you make ?* ». Chercheur devient alors un métier et la science se transforme peu à peu en business ; l'envie d'apprendre, de comprendre et d'avancer régresse.

Comment devient-on chercheur ?

Il y a autant de raisons à cela que d'êtres humains. Mais, comme dans bien des professions, le choix de cette orientation vient le plus souvent de rencontres.

C'est parfois grâce au système éducatif qu'un jeune se tourne vers la recherche. Dans quelques domaines de la science, comme l'astrophysique, la curiosité de certains peut s'éveiller très tôt. D'autant que la plupart des grands pays mettent à la disposition du public des établissements permettant d'approfondir ses connaissances sur le système solaire. D'autres disciplines, telles que le spatial, peuvent elles aussi faire naître dès l'enfance de véritables vocations. En ce qui concerne les sciences plus classiques, telles que la physique et la chimie, et à l'exception des mathématiques et de certaines disciplines littéraires, le désir de s'orienter vers la recherche naît beaucoup plus tard. J'ai rencontré peu d'enfants qui, dès le primaire, aiment les sciences. Ceci est probablement dû au manque d'approche scientifique, à ce niveau d'études. Notre système éducatif français, où les fondamentaux occupent la majeure partie du développement, ne laisse guère de place à l'imagination – élément clef pour faire de la recherche. Mais, chaque fois qu'un enseignant fait venir un chercheur dans sa classe, nombreux sont les enfants qui semblent s'y intéresser… On trouve aussi peu d'élèves du secondaire qui se passionnent pour la chimie ou la physique. Il est vrai que la lecture des livres dédiés est loin d'être attractive, je la qualifierais même de répulsive ! Aujourd'hui, quelques associations tentent de compenser ce manque auprès des établissements primaires et secondaires. Mais, pour se lancer dans la recherche, l'enfant doit avoir une grande liberté de penser. Or, ce n'est pas ce que notre système éducatif – bien trop rigide – demande aux élèves les plus brillants.

Beaucoup de jeunes deviennent chercheurs à la suite d'un stage, obtenu après une rencontre ou par le biais de leur cursus scolaire. Lors de stage de fin de troisième ou de seconde, les élèves qui viennent dans les laboratoires en ressortent souvent passionnés par ce qu'ils y ont découvert. Ces stages devraient se multiplier car plusieurs de ces jeunes que j'ai accueillis au laboratoire sont maintenant soit en cours de thèse, soit devenus chercheurs.

Remarquons qu'en France, lors des premières années qui suivent le baccalauréat, les étudiants les plus brillants décident souvent d'intégrer une grande école et doivent donc suivre des cours en classes préparatoires. Ils ne bénéficient donc pas de l'enseignement des professeurs les plus reconnus à l'échelle internationale, qui enseignent surtout à l'université, où les élèves sont moins sélectionnés. Heureusement, ceci semble évoluer dans le bon sens.

Existent aussi des personnalités qui, brillant dans deux matières très différentes, se retrouvent face à deux orientations d'excellence. Tel Per, qui a fini par choisir les sciences au détriment de la course à pied, après avoir été classé second lors d'une épreuve nationale – ce qui l'a incité à abandonner la compétition à très haut niveau. Ou Helmut, qui pensait devenir pianiste, avant de s'orienter vers la recherche par peur de ne pas être le meilleur en tant que musicien, alors qu'en sciences, l'éventail est plus varié et les chances de succès plus importantes. En effet, même lorsque les résultats ne sont pas au rendez-vous, il est toujours possible de développer d'autres projets et, cette fois, d'atteindre des sommets.

Il arrive également que l'on se tourne vers la recherche sans l'avoir réellement choisi. À l'exemple d'Hiroshi, un élève brillant à qui cela avait été imposé par ses professeurs, la hiérarchie jouant un rôle déterminant au Japon. Ce choix, même s'il n'avait pas été le sien, s'est avéré judicieux puisque Hiroshi est devenu l'un des plus brillants scientifiques de son pays, récompensé par les plus grands prix nationaux et internationaux. Il ne lui reste plus qu'à monter sur la dernière marche : le Nobel. Tous les mois de novembre, nous l'attendons. Mais nombreux sont les appelés, bien rares les élus !

Laszlo* a, lui, connu la guerre et l'isolement en Hongrie, son pays natal. Sa décision de devenir chercheur était indissociable du rêve américain et de sa

* Certains prénoms des personnes citées dans cet ouvrage ont été modifiés.

soif de liberté, qui l'ont fait partir à la conquête scientifique des États-Unis.

Si les raisons qui les ont poussés vers la recherche sont très variées, tous ces scientifiques ont souvent un point commun : une immense culture. Quelle que soit leur origine, il n'est pas rare qu'ils soient fous de Baudelaire ou Zola, qu'ils collectionnent les œuvres d'art ou soient intarissables sur la philosophie chinoise, japonaise ou autre. Car tout est bon à prendre, pour apprendre. Je connais peu de grands scientifiques qui n'aient pas d'autre « marotte » que les sciences. Ces passions leur permettent d'ailleurs de mieux appréhender leurs recherches, en leur évitant d'avoir « le nez dans le guidon » !

Enfin, pour d'autres, le hasard a joué un rôle primordial. À chacun son histoire ! Nous sommes à la fin des années trente et Alfred échoue à son brevet supérieur ; ses parents, qui sont concierges dans une usine, l'y font donc entrer comme ouvrier tourneur. Mais, l'année suivante, c'est l'exode. Il doit quitter son poste et fuir avec sa famille. Sa mère lui dit : « Tu ne peux emporter qu'un seul livre ! » Alors qu'il a arrêté ses études, il choisit un livre de physique : allez savoir pourquoi ! Et tout au long de la guerre, Alfred apprend la physique. À la fin du conflit, il reprend son poste à l'usine et, le soir, étudie. Pour se tester, il passe son baccalauréat et l'obtient. En l'apprenant, le propriétaire de l'usine, qui n'a pas de descendant, lui offre de prendre sa succession. Mais Alfred refuse. Il a envie d'apprendre toujours plus et ne voit pas l'intérêt de prendre la tête d'une entreprise ! Ses parents sont atterrés, d'autant que le propriétaire le renvoie car il ne veut pas d'un ouvrier surdiplômé. Alfred est alors embauché par un châtelain communiste, afin de faire travailler son fils. Il passe donc d'une usine à l'un de ces châteaux de la vallée de la Loire. Quelques années plus tard, à la fin des études de l'enfant, le châtelain interroge Alfred sur ses projets. Il n'en a aucun. La seule chose qu'il sait, c'est qu'il veut continuer à apprendre la physique ! Le châtelain lui propose donc de lui présenter l'un de ses amis : Frédéric Joliot, prix Nobel de physique et titulaire d'une chaire au Collège de France.

Après un entretien de plusieurs heures, Joliot embauche Alfred comme technicien en physique atomique. Il prend conscience des capacités du jeune homme, qui découvre la recherche sous sa direction ; une belle relation se noue entre eux et, à la mort d'Irène Joliot, alors qu'elle vient d'obtenir deux postes de maître de conférences, Frédéric Joliot en attribue un à Alfred, le mettant ainsi sur la voie pour devenir professeur d'université. Ce qui ne pourrait plus se faire aujourd'hui, car passer par un concours est devenu obligatoire.

Alfred développe des recherches en physique atomique auprès d'un autre chercheur, qui sera nobélisé quelques années plus tard. Il devient professeur de physique atomique à l'université, tout en continuant de travailler en parallèle sur d'autres thématiques que celles développées dans son laboratoire. À la mort de Frédéric Joliot, il abandonne la physique atomique pour orienter ses recherches vers la biologie. Il est en effet persuadé qu'il existe des propriétés physiques, en biologie, que l'on n'arrive pas à observer pour des raisons techniques. Avec ses acquis en physique atomique, il croit pouvoir mettre en évidence ces propriétés. Il crée donc une nouvelle discipline à l'université : la biophysique.

Alfred achève sa carrière comme directeur de l'Institut du radium et entame des recherches avec l'hôpital de Villejuif sur des problématiques liées au cancer.

Le parcours de cet homme – de mécanicien d'usine à chercheur à l'hôpital de Villejuif, en passant par la physique atomique, puis la biophysique – montre l'ampleur de sa passion pour les sciences. Sa fierté, d'ailleurs, n'était pas son parcours exceptionnel, mais de n'avoir jamais eu de carte de visite ! Il avait bien peu de considération pour ces scientifiques devenus des « sachants » ou pour les chercheurs « businessmen/women ».

Tous ces profils sont donc aux antipodes de ceux qui entrent à l'université ou dans un centre de recherche pour faire une belle et brillante carrière, afin d'atteindre des postes décisionnaires. Pour ceux-là, la science n'est qu'un moyen comme un autre de gagner sa vie. Ils comptent leurs heures, sont rarement libres le week-end ou le soir afin de poursuivre leurs recherches, même si celles-ci peuvent être excellentes. Ils estiment bien faire leur travail et c'est exact. Mais ils ne connaissent pas l'inquiétude de se perdre, la peur de ne pas comprendre, ni la joie de découvrir quelque chose d'inédit.

Il existe aussi une catégorie de chercheurs « businessmen ». Ils sont obnubilés par leurs déplacements dans des lieux paradisiaques, les hôtels splendides où ils sont descendus, le nombre de conférences qu'ils ont données dans l'année... Très récemment, l'un d'eux me déclarait avec fierté faire, en moyenne, plus de 400 conférences par an. Oui, plus d'une par jour ! Je n'ai pas osé lui demander quand trouvait-il le temps de réfléchir pour développer ses recherches.

Quant à moi, j'ai grandi dans un milieu très littéraire lié à la haute administration, où les sciences étaient respectées, mais mal connues. Un univers classique, où tous les coups étaient permis, mais toujours avec une grande courtoisie. Quand je m'en étonnais auprès de mes parents, ils me répondaient : « Dans la vie, la plupart des gens ont un comportement irréprochable... Les autres, il faut les plaindre – ce sont des malheureux. S'ils se comportent mal, évite-les. »

Je n'avais aucune envie d'évoluer dans un tel environnement, où régnait la défiance. En revanche, le milieu scientifique m'attirait ; l'image d'Épinal du professeur Nimbus me venait aussitôt à l'esprit et me plaisait. J'aurais aimé devenir médecin mais, craignant de « tuer » des patients, j'ai préféré m'orienter vers les sciences dites dures, où j'espérais ne rencontrer que des gens « bien ». On verra plus tard à quel point je me suis trompée lorsque j'y ai découvert de vrais prédateurs, qui n'avaient même pas la courtoisie de ceux que je rencontrais dans l'univers de mes parents. Mais cela est une autre histoire.

C'est François qui a déclenché ma carrière. L'un des plus brillants professeurs de l'université. À la sortie de son cours, nous avions l'impression d'être plus intelligents ! Nous étions tous subjugués par cet homme qui nous faisait le récit, comme de passionnantes aventures, des résultats scientifiques les plus récents. Au point qu'à la fin de mes études, j'ai décidé de ne les prolonger avec un master qu'à la condition de pouvoir faire mon stage dans son laboratoire. Malheureusement, cela a été pris par les autorités de l'université pour de l'arrogance, quand ce n'était que de la fascination pour un conteur de belles histoires scientifiques, auxquelles j'avais envie de participer. Il m'a donc été répondu qu'il ne fallait pas y compter.

J'ai alors été embauchée dans une petite société, axée sur des études liées à des problématiques de vente. Mon désir de faire de la recherche s'exprimait d'une autre façon… Et je me suis retrouvée face à de jeunes scientifiques qui, en ma présence, n'ont pas hésité à annoncer au directeur leur refus de travailler avec une femme ! Sa réaction a été immédiate : il a proposé à ceux qui soutenaient une telle discrimination de quitter l'entreprise.

Quelques jours plus tôt, j'avais appris que j'étais acceptée dans le laboratoire de François, pour y effectuer mon stage de master. Mais j'hésitais. L'attitude de ces collègues m'a aidée à me décider : il est inutile et contre-productif d'aller contre ses pairs. Bien que protégée par le directeur, j'ai aussitôt démissionné. Et me voilà lancée dans cette belle, difficile et merveilleuse aventure qu'est la recherche…

De l'influence des universitaires sur la jeunesse

Les universitaires ont une responsabilité considérable sur l'avenir de leurs étudiants et leur attachement à la recherche. Ils peuvent faire des cours de tout premier ordre mais leurs attitudes, arrogantes ou très attentives, n'en seront pas moins décisives pour l'évolution de leurs élèves. En France – contrairement à l'Australie, les États-Unis ou les pays nordiques –, les échanges entre étudiants et professeurs, bien qu'ils se soient considérablement améliorés, restent très hiérarchisés comme en Allemagne, au Japon ou en Chine.

Pour parvenir à imaginer et à s'exprimer, le chercheur a aussi un grand besoin de liberté. Or, la configuration des campus universitaires joue un rôle essentiel dans cette impression – ou non – de liberté. Au sein des universités situées dans des zones très urbanisées, le poids du temps se ressent. Elles restent plus conservatrices, plus rigides, plus hiérarchisées que les campus décentralisés, où les bâtiments, généralement entourés d'une belle végétation, semblent à taille humaine. Où, dès le printemps, enseignants et étudiants se retrouvent sur les pelouses, pour y refaire le monde. Les professeurs sont ainsi beaucoup plus proches de leurs élèves. Cette ambiance, très agréable, exige également que le campus soit implanté dans une zone parfaitement desservie par les transports. La science a besoin d'un environnement apaisant et n'est jamais très efficace dans des zones en chantier perpétuel !

Comme je l'ai déjà mentionné, j'avais été subjuguée par les belles histoires scientifiques que François nous détaillait durant ses cours. Il ne professait pas, il racontait et nous étions sous son charme. Il y avait sans doute un peu de paternalisme dans son attitude, mais il était aussi sous l'influence de ce vent de liberté, de jeunesse, de partage qui soufflait sur le campus à l'extérieur de la ville, où était situé son laboratoire.

Lorsque j'avais demandé à faire mon master auprès de lui, je pensais travailler sous sa direction. Mais, avant de s'engager, il est préférable de connaître le contexte ! Or, je n'en avais pas la moindre idée. J'avais vécu jusque-là dans un milieu très protégé et avais tendance à faire confiance. Nos « business » chercheurs ne feraient jamais cela : ils s'entourent de milliers de précautions pour limiter les risques. Et, là-dessus, ils ont raison.

François était, en fait, le directeur d'un très gros laboratoire, comprenant une quinzaine de chefs d'équipe, pour lesquels travaillaient de nombreux chercheurs, techniciens, étudiants en thèse et en master – une vraie petite usine. Je me retrouvai affectée dans une équipe dirigée par Laura, une femme en fin de carrière qui, formée dans les vieux laboratoires parisiens, comprenait mal la nouvelle mentalité.

Patrick, lui, était l'une des idoles du campus. Un jeune professeur extrêmement libre et brillant, très attentif à ses étudiants qui l'adoraient. Chacun savait que Patrick se rendait toujours disponible pour tous ceux qui avaient besoin d'aide. Il était plongé dans une recherche de pointe et n'hésitait pas à partager sa passion avec ses étudiants, montrant ainsi la voie vers un travail de qualité. Cette grande proximité incitait, d'ailleurs, ses élèves à s'investir. Bien que plutôt petit, timide, un peu voûté en dépit de sa jeunesse, et sans grand charisme, Patrick fût un vrai meneur d'hommes ! Très au fait de l'évolution de la société, il était vénéré par tous ces jeunes qui l'entouraient.

L'atmosphère de notre laboratoire était donc mitigée. Certains responsables de groupe ressemblaient à Patrick, d'autres à Laura, avec tous les échelons intermédiaires. François y régnait en maître absolu. Il en imposait à tous par son attitude, sa voix grave et ses blagues dont on ne savait jamais si elles étaient gratuites ou si elles contenaient un message. Au printemps, nous jouions au bridge sur les pelouses de l'université et François, en passant en voiture, ralentissait pour nous féliciter de ne pas être « à la paillasse ». Était-ce vraiment de l'humour ? Ou était-il contrarié de nous voir faire une pause ? L'hiver, au moins, nous nous sentions plus protégés : il ne venait pas nous relancer à la cafétéria !

Toutes les semaines, François demandait à l'un de ses étudiants en thèse de présenter l'évolution de ses travaux, devant tout le laboratoire. C'était un vrai moment de panique pour l'impétrant et son directeur ! François écoutait, interrompait parfois pour poser une question, ou s'endormait, voire ronflait. On ne savait d'ailleurs jamais s'il s'était vraiment assoupi ou s'il faisait semblant, afin de déstabiliser l'orateur. Puis il évaluait, à la fin de la conférence, l'avancement des travaux et, pour les plus anciens, si l'impétrant pouvait soutenir sa thèse ou s'il devait poursuivre ses recherches une année de plus.

Laura, très mal à l'aise dans un tel environnement, me faisait des remarques tout à fait désobligeantes. Un jour, agacée, après une nouvelle critique du même style que les précédentes, je fis un geste malheureux et cassai un équipement, duquel s'échappa du mercure. François, qui passait dans le couloir, entendit la mini-explosion. Il entra dans le laboratoire, vit le mercure s'écouler et me lança : « Descendez chez le souffleur de verre et demandez-lui l'éponge à mercure ! » J'obtempérai sans savoir que cela n'existait pas. Et là, tous se donnèrent le mot pour me balader d'étage en étage, à la recherche de cette fameuse éponge. Cela mit en joie l'institut !

L'atmosphère de ce laboratoire, qui ne cessait d'osciller entre rire, terreur et humiliation, me rendait perplexe et très prudente. Sur les conseils de ma mère, je décidai de ne pas me laisser perturber et de continuer à avancer, sans y prêter trop d'attention.

Laura n'était, certes, plus en mesure d'assurer une réelle direction de recherches, mais restait très jalouse de ses prérogatives. Comme les autres membres du groupe, je finis par me trouver face à des résultats que j'avais du mal à interpréter. Je pris alors la décision d'aller demander de l'aide à Patrick. Il accepta, bien que sa spécialité fût très éloignée de ma thématique, et proposa à Laura de participer aux discussions. Ce qui arrangeait bien celle-ci, car cela lui permettait de se décharger des « foudres » de François : au moindre problème, Patrick aurait à s'en expliquer. Ces heures passées à discuter me permirent de mieux le connaître. Nous arrivâmes à trouver des explications aux résultats. Je pus soutenir mon master. Et même si François dormait comme à l'ordinaire, tout se passa très bien.

Au cours de nos belles conversations, Patrick évoquait la suite de ma carrière. Question cruciale : comment s'orienter ? Fallait-il poursuivre ou non ? En tout cas, sûrement pas avec Laura !

Je lui fis part d'une proposition de François, liée à une autre orientation d'une équipe de son laboratoire. Il s'agissait d'un projet très innovant, attrayant, avec une réelle possibilité de développer des recherches inédites. Nous pensions pouvoir être les premiers au monde à réaliser de telles expériences. Une voie royale s'ouvrait donc à moi ! J'avais remercié François de sa confiance et lui avais donné mon accord. Mais, quand j'en informai Patrick, celui-ci, l'air préoccupé, me répondit qu'il allait se renseigner sur l'équipe qui était en train de construire ce nouvel équipement. Patrick semblait d'autant plus étonné que François, au cours d'un conseil de laboratoire, avait manifesté son mécontentement à mon égard. J'avais, en effet, obtenu un poste d'assistante à l'université, dans le département de Juliette – sa plus grande ennemie. Au regard de cette nouvelle, on lui avait annoncé, sans me prévenir, que je ne souhaitais pas être titularisée. Je l'avais appris par le secrétariat de Juliette, qui s'en était étonné. J'avais évidemment répondu que c'était une fausse rumeur – les *fake news* ont toujours existé ! Et ajouté souhaiter poursuivre mon enseignement dans le département où j'avais été nommée. J'ai su que François avait été très fâché de mon intervention. Mais j'avais juste protégé ma situation et ma liberté… Je pouvais donc faire ma recherche où je le souhaitais.

À la fin de ma soutenance de master, l'équipe du laboratoire était réunie dans une grande salle de l'université, toutes portes ouvertes, éclairée par un doux soleil de printemps, et profitant d'un petit vent frais. D'origine corse, j'avais décidé d'offrir à mes convives un buffet de spécialités insulaires. L'ensemble des professeurs, chercheurs, techniciens, étudiants et stagiaires de l'institut participait à ce moment de convivialité, qui permettait de discuter des points d'accord ou de désaccord quant aux résultats que je venais de présenter, mais aussi de partager un temps de détente, impossible au quotidien.

Ma mère se réjouissait d'écouter les commentaires de chacun. Tout en discutant de la saveur du lonzo, de la coppa ou du figatelli, ils estimaient que j'avais passé une étape importante. Mais Patrick s'approcha d'elle, l'entraîna à l'écart et lui demanda de faire pression sur moi pour que je n'aille pas rejoindre cette nouvelle équipe. Il lui expliqua que, bien que le sujet fût très prometteur, il y avait des risques importants d'irradiation, dommageable pour ma santé et celle de mes futurs enfants. « La science, c'est bien. La santé, c'est mieux ! », lui lança-t-il. Je m'aperçus très vite qu'il y avait un problème. Patrick prit congé après m'avoir félicitée et, en me fixant droit dans les yeux, me conseilla de réfléchir très sérieusement à mon avenir, avant de prendre une décision définitive. Cette attitude m'étonna, autant que ceux qui m'entouraient.

Sur le chemin du retour vers Paris, ma mère – qui n'était pourtant jamais allée contre l'un de mes choix, même lorsque mes professeurs étaient en désaccord avec moi – me dit : « Je m'oppose à ce que tu ailles dans cette équipe. Je t'ai toujours fait confiance, en dépit des commentaires des uns et des autres. Mais, là, les risques sont trop grands et je ne veux ni ne peux te donner mon accord... Tu es majeure, mais je te demande d'y renoncer. » Ma mère, ma meilleure amie, ma confidente, l'essence même de mon existence, l'une des deux seules personnes à même de me faire changer d'avis, critiquait ce projet que je croyais si attrayant ! Devant mon incompréhension, elle me raconta en détail la discussion qu'elle venait d'avoir avec Patrick, qui n'avait aucun intérêt personnel à me faire dévier de cette belle aventure.

J'avais à la fois la sensation de perdre quelque chose et une confiance absolue en son jugement. Je savais qu'elle faisait tout pour que je trouve ma voie, mon équilibre et mon épanouissement. Je décidai donc de renoncer et annonçai à François que j'avais changé d'avis et ne tenais plus à participer à son projet. Étonnamment, il ne m'en demanda pas raison, mais entra dans une colère mémorable, aussi forte qu'avait été belle la fête quelques jours plus tôt. Je compris alors que les conseils de Patrick étaient fondés. L'honnête homme, tel que je l'imaginais, n'en était pas un ! Son comportement, au quotidien, devenait clair : il nous considérait comme des jetons et nous manipulait ! Il m'asséna, entre autres, qu'il s'opposerait à ma réinsertion dans n'importe quel autre laboratoire français. Ce qu'il fit. Il était vexé.

Après plusieurs tentatives dans différentes unités de recherche, je vis toutes les portes se fermer, les unes après les autres. Par courtoisie, peut-être, mais aussi par crainte de représailles, chaque directeur demandait à François son avis, qui s'avérait systématiquement défavorable. Jusqu'à ce que Patrick, mis au courant, aille le voir pour lui déclarer que, s'il s'opposait à nouveau à mon insertion dans un laboratoire, j'irais développer ma recherche dans celui dirigé par Juliette, sa meilleure ennemie ! Patrick précisa soutenir et encourager cette démarche au nom de l'indépendance intellectuelle et du respect de l'autre. Et François céda.

Que s'était-il passé entre François et Juliette pour en arriver là ? Je l'ignore et ne veux pas le savoir. Je n'avais pas plus d'estime pour l'un que pour l'autre. Mais maman était plus tranquille... Je finis par trouver un point de chute, sans être tout à fait sûre de vouloir continuer dans un milieu que je découvrais sans indulgence, témoignant de si peu de respect pour l'autre. Les coups bas étaient partout et la science ne dérogeait malheureusement pas à la règle. Mais j'avais envie de garder quelques illusions ! Ce n'était pas raisonnable, mais tellement plus confortable ! Et puis, il y avait aussi des scientifiques tels que Patrick...

Les refus successifs de François ne me laissaient guère d'opportunités. Je dus quitter le système universitaire dit classique et m'orienter vers un laboratoire extérieur aux centres de décision, ce qui rendait toute promotion difficile, voire impossible. J'abordais, en outre, une thématique totalement différente de la première. L'avenir a montré que je n'ai rien perdu en quittant ce laboratoire. Avec le soutien des miens, les conseils de Patrick qui m'ont été si précieux, l'absence de plan de carrière précis et, surtout, sans peur – ce que m'avaient toujours enseigné mes parents –, j'ai pu avancer différemment des autres.

Quelques années plus tard, lors d'un séjour à l'étranger, une grande firme de photographie me proposa un poste inespéré à Boston. C'est une ville accueillante, la recherche y était de pointe et l'aspect financier bien plus intéressant que tout ce que l'on ne pourrait jamais m'offrir en France... Je demandai à ma mère si elle accepterait de nous suivre, ma famille et moi. Elle déclina, tout en m'encourageant à y aller, convaincue de la chance que cela représentait pour moi. Mais, cette fois, c'est moi qui pris la décision. Je refusai ce poste aux États-Unis : il y a des priorités auxquelles on ne peut déroger.

D’un extraterrestre à des personnalités d’exception

Loin du système universitaire classique, je rejoignis donc un petit laboratoire, dont le directeur, Hallami, était l’incarnation même du professeur Nimbus. Le seul chercheur de ce genre que j’ai rencontré dans toute ma carrière ! C’était un homme très intelligent, mais qui vivait dans un autre monde. Il venait de faire une découverte majeure, qu’il n’avait pas encore publiée, quand il avait reçu un chercheur américain, qui travaillait sur la même thématique mais ne parvenait pas à expliquer ses résultats. Or, Hallami lui avait donné la clef de leur problème commun. À peine de retour aux États-Unis, le visiteur avait publié ses résultats avec l’explication, sans le mentionner. Tout s’était effondré autour de mon professeur Nimbus : sa découverte était passée aux États-Unis ! Il avait beau en avoir été dépossédé, il ne réagit pas et resta médusé. Inerte. Aujourd’hui encore, on cite comme inventeur ce visiteur sans scrupule et personne ne sait qu’Hallami en a la paternité ! Cette année, lors d’une conférence au Japon, j’ai pu confirmer à mes collègues que c’était bien lui qui était à l’origine de cette découverte, et non notre indélicat... On verra qu'il existe pléthore d'individus de ce type, en sciences comme ailleurs.

J'intégrai son laboratoire au moment où il venait d'apprendre qu'il s'était fait piéger. Patrick l'ignorait mais était content, car il connaissait la réputation d'Hallami : celle d'un grand scientifique. Or celui-ci n'était pas dans l'état d'esprit de diriger une thèse. Il me demanda de refaire une expérience qui avait déjà été publiée, mais n'était pas reproductible. Il insista pour que je poursuive ce travail. Je passai un temps fou à essayer de reproduire cette expérience qui avait très probablement été inventée. Pendant ce temps Hallami, atteint d'une dépression nerveuse, multipliait les erreurs, perdait sa crédibilité au sein du laboratoire, mélangeait vie privée et professionnelle... Il était perdu depuis qu'on lui avait enlevé son Lego ! Et, dans ces cas-là, la société n'est guère aimable. Je me retrouvais donc à nouveau dans « de beaux draps », essayant tant bien que mal de poursuivre mon chemin, mais les conditions devenaient très compliquées.

Voyant mon embarras, une collègue me conseilla d'aller voir Alfred, en me précisant à quel point il était attentif. Alfred, c'était l'ouvrier tourneur passé par la physique atomique, aux côtés de Frédéric Joliot. Alfred, bien que beaucoup plus âgé, me rappelait Patrick. J'ai donc eu la chance de pouvoir rencontrer cet homme d'exception, qui deviendra plus tard un ami, tout comme Patrick. Alfred me conseilla de quitter Hallami, estimant qu'il était trop perturbé par ses problèmes personnels, désormais connus de toute la communauté scientifique. Après plusieurs années sans résultat réel, je lui dis donc adieu.

Me voilà partie dans un laboratoire dirigé par Charles, un chercheur de très haute qualité scientifique et d'une grande humanité. À quatorze ans, il s'était retrouvé dans un stalag où, comme bien d'autres, il avait terriblement souffert. À son retour, il avait fait des études de biologie et était devenu, très jeune, l'un de nos meilleurs scientifiques.

Je recommençai donc une thèse avec Raoul, qui dirigeait une équipe au sein du laboratoire. À l'inverse de François, Charles protégeait tous les membres de son équipe et n'autorisait aucun comportement irrespectueux. Mais personne ne l'avait prévenu du comportement de Raoul : un jeune professeur très brillant, doté d'une réelle vision scientifique, et qui n'avait, envers les femmes qui travaillaient avec lui, qu'un défaut majeur : une extrême misogynie. On avait souvent l'impression que pour lui une femme était incapable de penser ! J'étais persuadée que ce n'était en réalité qu'une vengeance et que, chez lui, il devait être bien soumis... Cette situation n'était pas agréable, mais Raoul faisait vraiment de la science et c'était ce qui comptait. Je me régalais à développer une thématique qu'il avait choisie et essayais d'ignorer ses incessantes remarques désobligeantes. En un temps record, j'obtins un grand nombre de résultats et nous publiâmes beaucoup. Je pouvais enfin passer ma thèse, avec des résultats tout à fait inédits !

Charles décida alors de quitter la direction de son laboratoire, qu'il confia à Claude, un autre scientifique de qualité, qui avait créé le premier grand institut de biophysique en France. Claude était un humaniste. Cumulant la direction de deux unités de recherche, il n'était pas souvent disponible mais, lorsqu'il était présent, il s'occupait vraiment des membres de son laboratoire. Il ne faisait, d'ailleurs, aucune différence entre les directeurs d'équipe, les chercheurs, les techniciens ou les étudiants. L'atmosphère y était donc chaleureuse, et Raoul contraint de bien se tenir devant Charles, puis Claude ! Nous travaillions tous sur des sujets porteurs, avec une réelle envie d'avancer, d'apprendre et d'être les meilleurs.

Après Noël, nous avions l'habitude de fêter les Rois pendant des semaines, celui qui avait la fève devant apporter la galette suivante. Et si, par hasard, quelqu'un ne l'avait pas achetée ou s'il n'y avait pas de fève, Claude s'en chargeait et c'était reparti pour un tour jusqu'à ce que l'on ne trouve plus la moindre galette dans le quartier... À l'heure du déjeuner, nous en profitions pour faire une vraie pause. Le scientifique a besoin de temps de respiration, afin de rester efficace et d'innover. Certains jouaient au poker, d'autres au baby-foot. Au poker, je perdais constamment : je n'arrivais pas à dissimuler ! Je me fixais alors une somme maximale de perte journalière et demandais à mes collègues de m'interdire de jeu, dès ce seuil atteint.

Je fumais beaucoup et, comme Raoul n'achetait jamais de cigarettes, il fumait les miennes. Si bien que, tous les matins, je prenais un paquet pour moi, un pour lui et, quelquefois, un troisième pour ne pas risquer d'en manquer... Un jour, lors d'une réunion,

Raoul me reprocha de l'inciter à fumer. Trouvant cela un peu fort, je lui rétorquai : « Puisque c'est ça, j'arrête de fumer. Et vous ne pourrez plus venir me prendre mes cigarettes ! » Mais que cela est difficile, quand on a été éduqué à faire attention aux autres et que l'on a l'habitude de fumer dans le stress de moments scientifiques intenses ! Désormais, Raoul alla lui-même s'acheter ses cigarettes et moi, je me cachai pour fumer aux toilettes ou dans ma voiture !

Après ma thèse, Claude me demanda ce que j'envisageais de faire. Je travaillais sur des systèmes biologiques modèles et voulais évoluer vers des systèmes plus proches de ceux existant réellement. Il me proposa de travailler directement avec lui, dans son deuxième institut. Quelle chance de pouvoir avancer avec une telle sommité !

Pourtant, je n'arrivais pas à trouver ma place. Les scientifiques qui m'entouraient ne me paraissaient pas assez rigoureux. Maintenant que je comprends mieux les systèmes, je sais qu'ils ne pouvaient pas l'être plus. Mais il est parfois difficile à un jeune chercheur de saisir tout cela, car personne ne prend le temps de lui expliquer à quel point la recherche est complexe et que l'on a besoin de connaître les limites de l'expérimentation. On me proposait des sujets intéressants, je m'amusais à les réaliser, tout en ressentant un manque que je ne parvenais pas encore à définir. Je pris donc la décision de partir à l'étranger… Je compris plus tard qu'il me manquait la liberté de mener un projet personnel.

Changer d'air

J'étais ainsi à la recherche d'un laboratoire étranger susceptible de m'accueillir. Il est important de voir comment les autres travaillent, de quelle manière ils jonglent avec les concepts et organisent leur recherche. Le choix de mon prochain laboratoire était donc crucial. Trouver un stage à l'étranger est facile, mais dénicher l'établissement adéquat, qui vous sera bénéfique, s'avère beaucoup plus complexe.

Après avoir passé en revue l'ensemble des établissements susceptibles de m'apporter une expérience différente et complémentaire de celles que j'avais, la liste se restreignit. Je finis par choisir un laboratoire de l'École polytechnique fédérale de Lausanne, que la Confédération helvétique venait de créer et dont la direction avait été confiée à Helmut. Ses travaux antérieurs touchaient à un domaine que j'avais très partiellement appréhendé. Mais, d'ordinaire, un laboratoire prestigieux ne vous ouvre ses portes que si vous obtenez un financement propre. Or, il existait peu de possibilités de ce type entre la France et la Confédération helvétique. L'ambassade de Suisse en France me découragea donc de poursuivre ce projet.

Ignorant ces conseils, j'écrivis à Helmut pour lui demander s'il pouvait m'accueillir pour une période de trois à six mois. Et il arrive que la chance soit au rendez-vous ! Ma lettre lui parvint le jour où Jacques, l'un des membres de mon jury de thèse, était de passage à Lausanne. Helmut, lui montrant ma lettre, lui demanda son avis : « Prends-la et gâte-la bien, tu seras content ! » lui répondit Jacques, ce que me rapporta par la suite Helmut. Et voilà comment j'obtins un poste de chercheur de la Confédération helvétique pour une durée illimitée. Je comptais y passer quelques mois, j'y restai deux ans.

Un laboratoire en plein essor est une mine, si l'on est attentif à tous les faits et gestes de la communauté scientifique. Celui d'Helmut se trouvait sur un campus magnifique, idéalement situé – très légèrement excentré de la ville et près du lac Léman. Alors que la localisation de Lausanne est déjà en soi assez enviable : à quelques dizaines de kilomètres des stations de ski des frontières françaises et italiennes, elle offre, été comme hiver, des possibilités de villégiature assez exceptionnelles.

La Confédération helvétique, qui avait engagé Helmut pour développer une thématique, se montrait capable d'injecter des sommes considérables dans la recherche, quand elle estimait le sujet innovant et porteur. Les financements n'étaient pas aussi linéaires qu'en France, leur politique scientifique s'avérant plus proche de celle de l'Allemagne. Même en rêve, je n'aurais jamais imaginé le nombre et la qualité d'équipements disponibles dans ce laboratoire en cours de création. Et ce bien que l'on prenne le soin de vous préciser le coût de chaque chose, jusqu'au prix du litre d'eau distillée !

À l'exception d'un chercheur suisse, le laboratoire n'était composé que d'étrangers, tous sous contrats plus ou moins stables, et donc à la discrétion d'Helmut. Disposant d'un poste en France, je me sentais, moi, beaucoup plus libre de mes actes. Quoi qu'il arrive, j'avais une position de repli immédiate. De plus, le financement de mon poste n'était pas assuré par Helmut, mais par la Confédération helvétique, qui protégeait mieux le chercheur. Ce qui expliquait aussi l'attention particulière (toute relative) que m'accordait Helmut.

Les scientifiques étrangers avaient quelques difficultés à s'adapter à cette vie suisse, minutieusement réglée, sans la moindre aspérité, mais ô combien agréable dès lors qu'on se soumet aux contraintes imposées par la mentalité locale. J'avais moi-même été éberluée et ravie de pouvoir laisser ma voiture ouverte, avec mon portefeuille dans la boîte à gants, sans que personne vienne me le voler ! Tant que l'on reste dans les normes imposées par la communauté helvétique, on peut vivre dans une sorte de bulle... Notons, cependant, que certaines de ces exigences sont parfois ressenties comme une atteinte à la vie privée. Ainsi, mes voisins m'avaient fait part de leur agacement après s'être aperçus que je n'ouvrais ma boîte aux lettres, dans le meilleur des cas, qu'une fois par semaine et, au pire, une fois par mois. Cela leur était insupportable ! De même, le fait que notre chien apprécie particulièrement un certain poteau sur une pelouse, non loin de notre immeuble, avait viré au drame !

Au laboratoire, l'atmosphère était en apparence très conviviale. Tous les jours, à 10 et 16 heures, l'on se retrouvait tous autour d'un café. Ces quelques minutes quotidiennes étaient officiellement destinées à échanger, à parler des problèmes ou des résultats de la journée, mais aussi à organiser des week-ends au ski. Le soleil semblait y briller mieux qu'ailleurs, mais chaque médaille a son revers. Je découvris ainsi qu'à l'initiative d'Helmut, la compétition interne y était extrêmement rude. Plusieurs chercheurs travaillaient sur des sujets voisins, voire identiques, sans qu'ils le sachent – et que le meilleur gagne ! Cette pratique est, en réalité, courante dans de nombreux laboratoires, comme à Singapour où Banyu, l'un de mes anciens élèves, est actuellement soumis à un comportement identique... D'autres chercheurs n'étaient pas autorisés à échanger entre eux. Sacré paradoxe entre ce qui sautait aux yeux et la réalité que l'on découvrait petit à petit. Une chose inimaginable pour moi, venant de ma « campagne » française, et difficile à vivre. Peut-être était-ce dû à ma naïveté, encore elle... Helmut voulait le meilleur résultat, mais celui-ci correspondait-il au plus spectaculaire ? au plus réel ? ou à celui du chercheur le plus malhonnête, qui ne faisait pas l'expérience mais l'inventait ? La question reste ouverte. Un chercheur, de passage au laboratoire, avait ainsi découvert que l'un de nos collègues travaillait la nuit, pour falsifier les résultats. J'ai toujours refusé d'être tenue au courant de ce genre de choses.

Ce laboratoire suisse présentait, pour moi, des avantages considérables. Grâce au soutien financier de la Confédération helvétique, Helmut se livrait à une politique scientifique très ouverte vers l'extérieur. Il invitait les « meilleurs » chercheurs internationaux à passer quelques mois ou quelques jours à l'Institut, sous réserve qu'ils consacrent du temps aux membres du laboratoire qu'il avait préalablement choisis. La venue de telles personnalités, issues d'horizons différents, était très précieuse pour de jeunes chercheurs, car elle leur permettait d'acquérir d'autres modes de pensée. En outre, l'opportunité de présenter leurs travaux à des scientifiques extérieurs à l'Institut leur donnait non seulement l'occasion de mieux les expliquer, mais aussi de répondre aux questions auxquelles ils n'auraient jamais pensé, ou encore d'imaginer d'autres évolutions à leur travail. Cette richesse des échanges faisait avancer les projets de façon spectaculaire.

Helmut n'est pas qu'un grand scientifique ; il est aussi un stratège, invitant des chercheurs qui pouvaient l'aider à se promouvoir. Je me suis ainsi liée d'amitié avec Raymond, qui dirigeait la recherche fondamentale dans l'armée américaine. Un homme d'une très grande culture, pragmatique et extrêmement attentif à tous les développements susceptibles de servir son pays. Il incarnait cependant l'archétype de l'Américain tel que l'on pouvait se l'imaginer, et est devenu, depuis, très « trumpiste ». Il expliquait le coût de ses équipements, combien son institut rapportait à la communauté, combien l'armée américaine dépensait pour la recherche fondamentale, ce qu'il dépensait personnellement au quotidien, combien il avait payé sa maison, combien…, combien…, combien… Tout ce qui ne présentait pour moi aucun intérêt lui paraissait primordial. Un écart culturel probablement dû au fait qu'il n'avait pu bénéficier d'aucune aide familiale et avait réussi sa carrière à la force du poignet. En dehors de ces petits défauts, Raymond était un homme bien, toujours prêt à aider de jeunes scientifiques à se dépasser.

Quand les invités passaient plusieurs mois au laboratoire, leur apport était considérable. J'avais la chance de partager la partie du laboratoire qui m'avait été affectée avec Laszlo, un géant en pleine gloire scientifique, venu pour six mois. Pourquoi Helmut, si suspicieux et qui tenait à ce que toutes les informations passent par lui, avait-il décidé de me mettre en contact avec une telle sommité ? Je me suis souvent posé la question. Peut-être me considérait-il comme négligeable ? Cette hypothèse m'avait été confirmée par sa secrétaire, à qui il aurait dit que je ne ferais jamais carrière. Comment peut-on faire de telles prédictions ? Mais qu'importe ! Je ne m'attardais pas là-dessus. J'avais la chance d'échanger, de m'instruire et d'avancer tous les jours avec Laszlo. Un homme qui pensait vite et s'avérait d'une efficacité redoutable. J'apprenais tellement auprès de lui !

Pour entamer une nouvelle orientation thématique, Laszlo prônait de faire des essais afin d'avoir une vue d'ensemble sur la faisabilité d'un projet. Si le projet lui semblait atteignable, alors il revenait en arrière pour le développer et l'appréhender. Cette procédure évitait de se lancer dans un projet qui pouvait se révéler, au bout de plusieurs années, infaisable ou inutile. On peut, par exemple, imaginer qu'un matériau puisse être très utile pour soigner telle ou telle maladie mais, s'il s'accumule dans le foie, on soigne la maladie tout en tuant le patient. D'où l'intérêt de tester si ce matériau ne s'accumule pas dans les organes vitaux, avant de mettre en œuvre un traitement potentiel, qui pourrait au bout du compte s'avérer nocif. Intuitivement, on a plutôt tendance à considérer le problème au point zéro et à faire défiler les expériences. Si le scientifique est chanceux, il finit par aboutir, après de longues années de travail ; mais, s'il rencontre des phénomènes inattendus, son projet peut devenir infaisable. C'est ce que Laszlo appelait se perdre dans les détails. Les premiers tests doivent donc concerner la faisabilité et/ou les conséquences du projet qui seront, par la suite, développées. Ce comportement apparemment contre-intuitif est en fait très pertinent. Il permet de limiter les chances de se fourvoyer pendant plusieurs années. Cela n'exclut pas l'apparition de phénomènes inattendus qui risquent de faire dévier la recherche initiale. Du reste, Laszlo s'appliquait ce tempo à lui-même : il changeait d'orientation scientifique tous les sept ou huit ans. Avant de s'engager sur une nouvelle thématique, il commençait par publier une revue sur le domaine de recherche qu'il avait l'intention d'investir, afin d'avoir une vision d'ensemble de tout ce qui avait été fait avant lui et de proposer de nouvelles approches, en tenant compte de ce qui existait. Ce comportement, qui peut sembler normal, est exceptionnel. Laszlo considérait la recherche comme un combat, non seulement vis-à-vis des autres, mais surtout vis-à-vis de lui-même. Pour être le premier, il établissait au préalable ses plans, puis faisait vérifier par quelques membres de son groupe que l'idée première était réalisable. Une fois cela acquis, il attribuait à chacun de son équipe une fonction bien déterminée. C'était un véritable bulldozer. Il disposait du soutien financier de son université, qui débloquait les fonds nécessaires pour développer une nouvelle thématique. Mais il avait ensuite à rendre des comptes et n'avait pas droit à l'erreur. En cas d'échec, les conditions de travail étaient fortement modifiées.

En France, de tels bouleversements scientifiques sont impossibles car il faut déposer un projet, attendre qu'il soit accepté puis recevoir le financement. Ces procédures nécessitent au minimum deux ans – si tout est accepté à la première tentative, ce qui est très rare. Alors qu'en moins de deux ans, Laszlo était devenu le leader du nouveau domaine qu'il s'était choisi, laissant tous les autres derrière lui. Cela ne lui faisait pas que des amis, mais peu lui importait.

En plus d'être un scientifique de très haut niveau, Laszlo était aussi un collectionneur d'art. Il parvenait à lire plus de trois livres non scientifiques par semaine et était extrêmement cultivé. Ce qui ne l'empêchait pas de faire la fête à tout moment. Laszlo menait trois, cinq, voire dix vies simultanément, et tout cela avec une très grande éthique scientifique. Il me disait : « N'oublie jamais de reconnaître le travail des autres. Cela ne peut que te donner de la grandeur. » C'est ce qu'avait fait Marie Curie lors de sa leçon inaugurale, quand elle avait obtenu la chaire de Pierre Curie. Elle n'avait pas omis de rappeler l'apport des autres chercheurs dans leurs découvertes. Laszlo avait le même comportement. Je n'ai jamais rencontré quelqu'un de cette envergure, faisant preuve d'une telle fulgurance. Ce type de personnalités, rares dans les milieux scientifiques, est sans doute plus fréquent dans le monde artistique.

Comment expliquer un tel débordement d'énergie et cette soif de se dépasser ? Peut-être faut-il revenir à l'enfance de Laszlo. Né en Hongrie, il s'était enfui pendant la guerre et s'était retrouvé seul, en Angleterre, à l'âge de quatorze ans. Là, il avait pratiqué le soir un peu tous les métiers, afin de pouvoir, le jour, aller à l'école puis à l'université. Il avait préparé et soutenu sa thèse en Angleterre, avant de s'exiler aux États-Unis où il avait rencontré, très jeune, la réussite. Ce qui forme un homme ! Depuis, il avait couru de succès en succès et de thématique en thématique, avec, toujours, un lien entre elles. Il gardait néanmoins la nostalgie de l'Europe et rêvait d'y revenir, avec les mêmes conditions salariales qu'en Amérique. Ce qui était vraiment un rêve !

Nos nombreuses discussions me firent prendre conscience qu'il existe deux catégories de chercheurs. Ceux qui exécutent, grâce à leur compétence, les projets qui leur sont proposés, indispensables au développement d'une recherche de qualité. Mais ces projets n'étant cependant pas entièrement les leurs : si une expérience ne produit pas le résultat escompté, ils le regrettent, sans plus. L'impact de cet échec n'a, pour eux, rien de dramatique. En revanche, les chercheurs de la seconde catégorie vivent un rêve basé sur une hypothèse inédite, parfois inaccessible. Ils ne sont heureux que face au risque. Ils cherchent en fait ce moment inexpliqué où l'on se retrouve, par hasard ou à la suite d'un raisonnement, devant un phénomène exceptionnel. Ils cherchent donc quelque chose d'inatteignable : réussir à trouver l'introuvable ! Réaliser une première scientifique est d'une beauté que personne ne peut comprendre, s'il ne l'a pas vécu. Pour entrer dans cette seconde catégorie de chercheurs, il faut beaucoup d'humilité. Accepter de se tromper et d'avoir la responsabilité d'orienter des gens vers des directions peut-être prometteuses mais qui peuvent se révéler totalement erronées. On comprend alors à quel point sont grandes l'envie d'apprendre, de comprendre, tout comme la peur de faire une erreur, de tomber dans la routine et ne pas découvrir quelque chose d'inédit. Ce type de scientifique est assez hermétique aux questions d'ordre économique, pourtant indispensables à une recherche de qualité, alors que l'autre catégorie sait gérer financièrement les projets. La recherche a donc besoin de ces deux types de profil.

Laszlo faisait, bien sûr, partie de cette deuxième catégorie et, croyant en mes capacités, me poussait à rejoindre ce peloton. De la part d'une telle personnalité, c'était un vrai cadeau. J'étais loin de ceux qui m'enterraient scientifiquement sans que j'aie rien demandé !

Mais, pour cela, il me fallait prendre conscience de la limite de mon savoir et de l'importance d'avoir un peu d'imagination, ce qui ne vient qu'avec beaucoup de travail. Laszlo m'encourageait, me donnait des conseils, m'expliquait ses orientations du moment, tout en me disant de ne jamais tenter d'entrer en compétition avec lui car, sinon, il me marginaliserait. Pas de faveur, donc, mais du respect et une amitié naissante.

Échanges animés

On ne peut faire de la recherche sans confronter ses idées. En participant, par exemple, à des conférences spécifiques, comme celle – organisée autour de thématiques, à l'époque très ciblées – qui a lieu tous les deux ans, aux États-Unis. Seuls ceux qui sont cooptés sont autorisés à s'y rendre, le nombre de participants étant auparavant limité à quatre-vingt. Situé dans des collèges isolés, à plusieurs heures de route de tout aéroport, ce type de colloques dure quatre jours et demi. Les conférenciers, très sélectionnés, sont eux aussi en nombre limité, afin de laisser du temps aux discussions scientifiques. Il n'y avait ainsi, au maximum, que quatre présentations le matin et deux le soir, après le dîner ; l'après-midi et la soirée étaient donc libres. À la fin des conférences, la plupart des participants se retrouvaient au bar et, comme ces réunions se font dans le New Hampshire – un État où la vente d'alcool est interdite –, le car qui amène les conférenciers s'arrête à la frontière du district, afin que l'on puisse y acheter nos bouteilles pour la semaine… L'isolement du lieu, les grandes plages de temps libre, le ciblage des thématiques, des participants et des intervenants permettaient de réelles discussions, quelques disputes, voire des « vols » de projets. On verra plus loin qu'à ce jour ces conférences ont changé d'objectifs.

Laszlo avait créé l'une de ces conférences. Ayant travaillé avec moi à Lausanne, il connaissait ma soif d'apprendre et d'avancer et me parraina pour que je puisse assister à son colloque. Il se déroulait à Wolfeboro, une petite ville calme dont le centre n'est composé que de quelques maisons et du collège Kingswood Regional High School, disposant d'un centre sportif très bien équipé, au bord d'un lac autour duquel l'on n'aperçoit que des propriétés de grand luxe. Wolfeboro est un vrai paradis, l'un des rendez-vous de la jet-set, découvert par nos compatriotes quand l'un de nos ex-présidents vint y passer des vacances. Néanmoins, quand je me rendis à la banque locale pour changer des francs en dollars, il me fut répondu qu'il fallait attendre une semaine : le temps que les billets soient envoyés à Boston et validés par la banque. Ceci se passait pourtant au tout début du XXIe siècle !

L'atmosphère à Wolfeboro était très cordiale car les groupes se formaient par affinités, mais aussi par intérêt scientifique. Au bord du lac, l'après-midi, on parlait science ou petites histoires et cela se prolongeait au bar, la nuit venue, autour des bouteilles que chacun apportait. Il y avait un piano et, soir après soir, les chercheurs se succédaient pour entonner des chansons – étonnamment, le plus souvent françaises – que tout le monde reprenait. On partageait aussi ses problèmes, on établissait des collaborations, tout en courant le risque de se faire dérober son travail. Il fallait donc apprendre à être vigilant. Le partage n'était pas toujours réciproque, mais qu'importait... Les scientifiques de très haut niveau ont les mêmes mesquineries que n'importe qui. À chacun sa bouteille, à chacun son bien ! Certaines situations pouvaient, d'ailleurs, s'avérer assez drôles, comme lorsque l'on voyait quelqu'un, qui était souvent venu se servir de votre alcool, repartir à la fin du séjour sa bouteille pleine, tant il avait « resquillé » ailleurs.

Comme nous avons tous pu le constater à l'occasion de la Covid-19, il arrive qu'éclatent des querelles scientifiques parfois difficiles à gérer. Un désaccord entre chercheurs peut s'avérer d'une grande violence et avoir de graves conséquences professionnelles. Je n'en donnerai ici qu'un exemple : deux chercheurs étudiaient la même structure par deux techniques différentes ; or, la première fit apparaître la présence d'eau, alors que la majorité de la communauté pensait cela impossible. Le leader du deuxième groupe avait consacré toute sa carrière à ce projet. Ce résultat inattendu, présenté par un chercheur arrivé dans le milieu tardivement, le dérangea au point que cela engendra un conflit. Au lieu d'essayer de comparer les résultats de l'un et de l'autre et de tenter d'en comprendre les différences, la communauté se déchira. Les membres du deuxième groupe voulaient avoir raison. Ils détenaient la science. Ils devenaient des « sachants ». Terrifiés à l'idée que leur construction puisse subir un « tremblement de terre », ils estimaient, sans le dire simplement, que chose établie ne pouvait être améliorée. C'est ce que j'appelle la « maladie des sachants en bonne santé »... Ces disputes ne sont pas rares mais, quand elles adviennent, elles sont sans limites : dans l'exemple cité, le « sachant » et leurs collègues tentèrent d'obtenir le renvoi du chercheur et de son équipe, qui avaient osé mettre en cause un résultat considéré comme immuable ! Et ceci se passait aux États-Unis, et non dans un pays totalitaire ! Nous étions plongés dans un combat de coqs, bien loin de la science... Après plusieurs années, les disputes finirent tout de même par s'essouffler. Un groupe de « vrais » chercheurs, externe à ces disputes, décida de chercher les causes de telles différences de résultats, pourtant reproductibles. Il démontra en fait que la structure communément admise devait être partiellement modifiée. Au bout du compte, personne n'avait donc tort. Les scientifiques, qui étaient devenus des « sachants », avaient néanmoins abandonné leur rêve pour assurer leur réputation. Et, pour notre « renégat » et son groupe qui les avaient bravés, le prix à payer fut considérable (suppression de promotions, mise à l'écart de l'université, réduction des crédits, etc.). Il ne se rendait aux congrès qu'avec son équipe, qui formait autour de lui comme une « coque » de protection. Ils n'échangeaient plus avec personne. Ils prenaient l'information et se retiraient. Régulièrement, lors de ces colloques, je tentais de les approcher. Les premières fois, je sentis une vraie défiance. Ce ne fut qu'au bout de plusieurs années qu'ils m'accueillirent. Mais leur blessure ne s'estompe pas avec le temps et ils continuent de rencontrer des difficultés à publier, alors que les résultats sont maintenant compris et que le « sachant » et ses amis partent les uns après les autres à la retraite.

Le nombre de chercheurs augmentant, de tels antagonismes deviennent de plus en plus courants. La pandémie Covid-19 nous en donne des exemples quotidiens. Nous avons pu constater que, dès que la notoriété est engagée, les « sachants » sont vite de retour. Habituellement, le conflit s'exprime davantage à travers les rapports, lors de l'évaluation des articles. Je suis toujours sidérée par la violence et le jugement péremptoire de certains, en l'absence de toute preuve.

Lors de l'une de ces conférences, je fis la rencontre d'Augusto, un professeur de l'ETH de Zurich. Un brillant Italien, grand, dégingandé, qui avait l'air très doux et était extrêmement cultivé. Il utilisait des molécules susceptibles d'encapsuler des protéines. Or, ces études étaient complémentaires de ce que j'avais pu réaliser auparavant. Un soir, au bar, je lui demandai s'il accepterait de m'accueillir dans son laboratoire pour quelque temps. Sa réponse fut immédiate : « Oui, j'ai le financement qu'il faut pour cela… À condition que tu viennes avec une nouvelle thématique. » Cette réponse, inattendue et abrupte, faisait partie du jeu de notre petite société sans concession. Si la discussion était le plus souvent amicale, nous étions aussi et surtout là pour créer. Augusto me donnait ainsi la possibilité de me démarquer de tous, en restant sous sa protection. Ce qui permettait également d'apporter à son groupe un nouvel éclairage et une nouvelle thématique. Exercice extrêmement difficile, mais passionnant.

Que proposer comme sujet de recherche à un leader tel qu'Augusto, qu'il puisse considérer comme acceptable ? Après quelques mois de travail intensif, je lui envoyai un projet qui s'intégrait à ses thématiques et associait mes compétences. C'était ma première émancipation. Augusto reçut mon offre avec beaucoup de bienveillance et accepta de m'accueillir dans son laboratoire. Me voilà à nouveau en Suisse, mais côté allemand, qui est bien différent de la Suisse romande. En dépit de la petite taille de ce pays, Lausanne et Zurich sont deux villes dont les habitants ont un comportement diamétralement opposé. Augusto apportait la convivialité qui n'était pas de mise à Zurich, et s'avérait bien supérieure à celle d'Helmut à Lausanne. Je me sentais donc plus heureuse chez lui. D'autant qu'il n'éprouvait pas le besoin de démontrer l'importance de sa recherche. Son activité scientifique, d'un haut niveau, avait déjà acquis une dimension et une reconnaissance internationales. Augusto était ainsi plus libre de ne pas se soumettre aux conditions de vie zurichoises et de faciliter l'intégration de ses chercheurs étrangers.

À mon départ de Zurich, il me dit : « Ton projet est intéressant, tu peux le développer sans moi, en France. » Ce qui représentait un très beau cadeau, extrêmement rare. Il l'a sans doute fait car il me savait un peu perdue, mais ce qui suit peut aussi indiquer qu'il croyait le sujet moins prometteur qu'attendu. À mon retour en France, je démontrai par accident l'existence d'un phénomène inattendu, passé totalement inaperçu aux yeux d'Augusto et son groupe, et directement en relation avec ses travaux. Voilà une belle découverte ! J'étais aux anges. Ayant eu la liberté de poursuivre ce projet, je rédigeai un article et, dans un élan de joie d'avoir su mettre en évidence ce phénomène, je proposai un titre vraiment accrocheur et l'envoyai à un journal qui avait un fort impact. Ahmed, l'éditeur de cette publication, fit évaluer l'article par trois rapporteurs. Deux d'entre eux se révélèrent très favorables, tandis que le troisième rejeta l'article avec des commentaires d'une virulence extrême. Il attribuait ce phénomène à des impuretés, en ayant recours à des termes qui m'en révélaient l'auteur : c'était, bien sûr, Augusto. Je lui téléphonai. Il confirma mon pressentiment. Il était furieux ! Il ne croyait absolument pas à ces résultats et s'opposerait à la publication de l'article, ce qui relève du rôle de rapporteur. Je lui rappelai que c'était lui qui m'avait permis de poursuivre ce projet. On ne pouvait laisser ce résultat inconnu de ceux qui travaillaient dans ce domaine. Je lui proposai même d'être coauteur. Il refusa. Il était dans une telle colère qu'il ne pouvait plus se raisonner. Avec l'expérience, je pense ne pas avoir évalué l'importance de ce travail et son impact sur celui d'Augusto. Sa réputation était pourtant déjà faite ; ma découverte ne pouvait pas le mettre en danger. Je n'avais donc pas pensé à le mettre au courant avant d'envoyer l'article. Mais, vu sa réaction, il se serait de toute façon opposé à la publication – ce qui reste pour moi incompréhensible. Personne n'avait triché. Augusto ne pouvait faire partie de ces

« sachants », cette catégorie de chercheurs qui perdent la notion de la science. Il était trop bon, trop brillant, trop généreux ! Je tenais à son amitié et avais une grande reconnaissance envers lui, mais les résultats étaient là et je ne pouvais les ignorer. Je décidai donc de poursuivre le processus de publication. Je répondis aux commentaires des rapporteurs et ajoutai, concernant le rapport d'Augusto, qu'il ne contenait pas de critiques d'ordre scientifique et qu'il m'était par conséquent impossible de répondre à de telles remarques. Ahmed ignorait qu'Augusto avait reconnu en être le rapporteur. Il rejeta donc mon article en mentionnant, de façon exceptionnelle, que ce rapporteur était incontesté et qu'il ne pouvait s'opposer à son jugement. C'était à mon tour d'être furieuse : je me sentais à nouveau entravée sans raison valable. Je répondis à Ahmed : « Vous êtes libre de ne pas publier mon article mais, moi, je suis libre de ne plus jamais vous en envoyer ! » Et je publiai mon travail dans un autre journal, dont l'éditeur ne pensa pas à le soumettre à Augusto. Ce dernier m'appela alors pour me proposer de rédiger un article de revue sur le travail fait chez lui et à Paris. J'acceptai, bien évidemment. Ainsi, sans le dire, il devenait responsable de cette revue et, par voie de conséquence, cautionnait la découverte et la récupérait. J'étais ravie, je n'avais pas perdu son amitié et c'était tout de même grâce à lui que j'avais pu développer un projet inédit ! Ces deux articles furent et sont encore très souvent cités. Malgré ce désaccord, nous sommes restés amis et, lors de ses séjours à Paris, nous passons de belles soirées à jouer au Yin Yang.

Une dizaine d'années plus tard, Ahmed m'écrivit pour s'étonner que je ne publie jamais dans son journal. À l'évidence, il avait oublié nos différends. Il m'invita à passer quelques semaines dans son laboratoire aux États-Unis. Nous commençâmes à travailler ensemble et il demanda à son université de me nommer *adjunct professor*. Par la suite, nous avons souvent collaboré et sommes devenus amis : chaque fois que je vais aux États-Unis, nous nous retrouvons pour un week-end, avec lui et sa famille que je reçois régulièrement, à Paris.

Depuis une décennie, les conférences telles que Wolfeboro ont considérablement changé. Le processus de sélection des intervenants est moins ciblé. Les organisateurs tentent de tirer profit de ces colloques et de les rendre moins internationaux. Un plus grand nombre d'Américains est invité et les autres nationalités s'avèrent beaucoup moins représentées. Néanmoins, pour justifier le caractère international de ces conférences, la présence d'étrangers est indispensable. Afin de rester dans « l'entre-soi », des conférenciers étrangers travaillant aux États-Unis sont donc choisis, ainsi qu'une ou deux personnes exerçant sur un autre continent. De plus, pour des raisons financières et pour satisfaire tout le monde, il n'y a plus de sélection des participants et leur nombre, comme celui des intervenants, est en forte croissance. Mais seuls les plus jeunes restent tout au long du colloque ; les conférenciers présentent leurs résultats et repartent le jour même ou le lendemain. Leur manque de disponibilité et le nombre de participants limitent les discussions. Ces événements deviennent donc semblables aux congrès habituels, plus impersonnels et moins constructifs, où tout ce qui est présenté est déjà publié. Les soirées y sont d'ailleurs plus « civilisées » et moins scientifiques. Le piano, les fauteuils confortables, en fait tout ce qui facilitait les conversations a disparu – à l'exception du bar, qui demeure ouvert ! C'est l'occasion de se retrouver entre copains (ou non) qui font du networking.

Récemment, à la suite de quelques plaintes auprès des financiers qui organisent ces colloques depuis plusieurs décennies, certains responsables tentent d'imposer des conférences semblables à celles qui existaient auparavant (peu d'intervenants et des participants sélectionnés). Espérons qu'ils arrivent à retrouver cette atmosphère, pas toujours facile mais si productive !

Retour au point zéro

Contrairement à ce que l'on peut imaginer, le fait d'être passé par des laboratoires prestigieux ne constitue pas un blanc-seing pour s'élever parmi les meilleurs. Ils favorisent, bien sûr, la visibilité, mais celle-ci reste éphémère. Si l'on ne parvient pas à rebondir rapidement, en développant de nouvelles voies de recherche, la communauté vous oublie aussi vite.

Après avoir séjourné en Suisse, il me fallait réintégrer un laboratoire français. Et là, que l'on était loin de ces instituts superbement équipés, où l'on avait tout à disposition pour travailler ! Je me rendis assez vite compte que mes collègues ne semblaient pas ravis de mon cursus et, surtout, de ma liberté d'action acquise à l'étranger. Je me retrouvai donc un peu au « purgatoire », le temps que nous soyons à nouveau à égalité ! Eh oui, la France a fait sa révolution il y a plus de deux cents ans ; notre société scientifique reste très égalitaire et aucune tête ne doit dépasser. Dans ce laboratoire, on m'attribua ainsi une paillasse située au-dessus d'un radiateur, qui rendait toute expérience impossible. Personne n'ignore en effet que, dans n'importe quelle expérience, la température est un facteur majeur. Or, le matin, ma paillasse était à environ 15 °C (le chauffage du bâtiment étant coupé pendant la nuit), avant de passer peu à peu à 25 °C en fin de journée… Pour ce qui était du financement, je dépendais totalement de la responsable du laboratoire et, puisqu'il fallait me remettre sur le droit chemin, je devais attendre dans l'antichambre, plusieurs heures parfois, pour une petite commande. Vu ces « magnifiques » conditions de travail, je savais que mon activité de recherche serait impossible. Mes efforts passés n'étaient pas pris en compte, bien au contraire. Consciente que ma visibilité au niveau international était fugace, je cherchais un autre lieu d'accueil, plus propice au développement de mon projet.

Je décrochai alors un rendez-vous auprès de Bernard, spécialiste mondial du Chaos et chef de département d'un centre de recherche. Son unité était très vaste, remarquablement équipée et disposant de techniques de pointe – bref, elle n'avait rien à envier aux laboratoires suisses où j'avais séjourné. Et les ingénieurs y étaient d'un niveau exceptionnel. Chacun d'eux était attaché à un équipement bien déterminé, à l'avant-garde de ce qui se faisait dans le monde. Après avoir présenté à Bernard l'ensemble de mes travaux antérieurs, je lui demandai de m'accueillir. Par chance, il avait décidé de créer une nouvelle thématique au sein de son département, liée à l'assemblage de molécules. Or, j'avais acquis des compétences dans ce domaine. Il me proposa donc d'animer ce groupe. L'opportunité était belle : je pouvais poursuivre mes recherches, en collaboration avec d'excellents spécialistes, sur certaines études dérivées de mes activités antérieures, et travailler à de nouveaux projets ! Nous étions d'ailleurs dans un processus qui profitait à tout le monde : ces spécialistes apportaient une vraie valeur ajoutée à mes travaux. Et un certain nombre de mes thématiques pouvaient s'avérer utiles aux ingénieurs en charge d'équipements rares, et leur permettre d'aboutir à des résultats uniques. Ni eux ni moi n'aurions été en mesure de les obtenir seuls. Il nous fallait parfois trouver les systèmes les plus adaptés à ces différentes techniques, mais les retours étaient excellents. Ce sont les plus belles collaborations : quand la contribution de chacun est facilement identifiable et tous les acteurs reconnus.

Ce fut une période merveilleuse. J'apprenais tous les jours en collaborant avec ces ingénieurs de talent. Bernard était enchanté de la qualité des résultats produits par le groupe et tout se passait dans une vraie convivialité. Mais ceci ne pouvait avoir qu'un temps. Je pensais déjà à un nouveau projet. J'avais toujours en tête ce que m'avaient appris Laszlo et Augusto : je devais parvenir à découvrir un résultat important auquel mon nom serait attaché. Cet exercice était le même qu'avec Augusto à Zurich, mais, cette fois, j'étais seule et sans l'aval d'un leader de ma discipline. Expérience très enrichissante mais ô combien difficile ! À quoi et à qui se raccrocher ? Il me fallait trouver mes propres thématiques, me différencier des autres, et ceci sans filet ! Je travaillais en effet avec des gens de tout premier plan sur mes sujets antérieurs, mais j'étais seule à décider de mes nouvelles orientations. Le système français ne laissait guère de place aux indépendants. Je montai donc mon projet et fis, comme me l'avait conseillé Laszlo, des expériences préliminaires pour en vérifier la faisabilité. Je tenais Bernard au courant. Il était ravi, mais savait à quel point ce travail était risqué.

Comme je dépendais toujours de l'université, je présentai mon projet lors d'une évaluation : j'expliquai vouloir fabriquer des nanomatériaux et en étudier les propriétés physiques et chimiques. Mais je ne précisai pas avoir réalisé suffisamment de tests pour que le projet soit, tout au moins partiellement, faisable. Et, à ma grande surprise, les experts me découragèrent en me rétorquant : « Ce n'est pas de la science, c'est de la zoologie ! » J'en fis part à Bernard, qui m'assura de son soutien moral et financier, tout en réitérant sa remarque sur les risques encourus, tant du point de vue du succès de cette recherche que de ma carrière. Avec le feu vert de ce grand scientifique, je me lançai. J'essayai, à mon petit niveau, de mettre en pratique l'adage de Victor Hugo : « La grandeur se compose de deux éléments qui sont l'essence même du génie : deviner et oser. »

J'étais maintenant seule devant mon projet et j'avais parfois besoin d'un expert extérieur, qui soit capable de détecter mes erreurs de jugement. J'eus alors la chance de rencontrer Jean-Philippe, un autre chercheur d'exception, qui avait longtemps été sous-directeur de l'École normale supérieure (ENS) et voulait se consacrer, à temps plein, à la recherche. Il avait donc quitté l'ENS pour devenir ingénieur au centre de recherche.

Jean-Philippe était un homme extrêmement brillant, d'une culture scientifique impressionnante, très stable, avec de vraies valeurs. Il avait de grandes ambitions pour son travail, mais restait dans l'univers français : il écrivait l'anglais, mais ne le parlait pas et ne se rendait qu'à des congrès dans l'Hexagone. Il adorait discuter de projets, de résultats incompris et avait un excellent esprit critique. Théoricien, il ne connaissait rien aux systèmes que je développais. Néanmoins, chaque fois que j'avais besoin de discuter de mes résultats, j'allais le voir et passais le temps qu'il fallait avec lui, soit pour confirmer, soit pour dénicher les failles de mon raisonnement. C'étaient des moments exceptionnels de partage, de discussions, avec une seule envie : comprendre. Jean-Philippe devint pour moi un soutien moral, un grand frère scientifique. À chaque difficulté ou à chaque problème lié à l'université dont je dépendais, et qui voyait d'un très mauvais œil que le centre de recherche puisse récupérer les fruits de son investissement, je lui demandais son avis. Il connaissait le milieu mieux que moi, qui étais restée dans ma « bulle ». Il me rassurait et me donnait toujours les conseils adaptés. Hormis ces dernières années, je lui ai toujours soumis tous mes projets scientifiques.

En recherche, la critique est indispensable si l'on veut avancer. Certains contribuent réellement à faire avancer le projet. D'autres se contentent d'acquiescer mais sans faire de remarques, ou se montrent de mauvaise foi, parce qu'ils sont en compétition.

Créer

La façon dont émergent les nouvelles idées est mystérieuse. Il n'est pas donné à tout le monde de créer et cela n'arrive pas tous les jours. Le moteur de la création vient du manque, du besoin de se dépasser, du plaisir de comprendre. Cette motivation, de même que les échanges entre experts ou avec des gens de culture différente sont primordiaux pour parvenir à se surpasser. Il n'y a pas de recherche sans une connaissance des travaux antérieurs, sans de fortes contraintes, sans un labeur considérable, sans persévérance ni volonté d'avancer, tout en évitant ou en surmontant les embûches, les doutes, l'angoisse de se perdre, avec la force de ne jamais abandonner, même quand tout semble perdu. La recherche passe aussi par l'acceptation d'un résultat inattendu et imprévisible. Et il y a une part de chance. Voilà pourquoi il est si difficile de faire émerger une idée, un concept nouveau, et d'être capable de les mener à leur terme.

Le chercheur ne dort pas bien : il ne s'arrête jamais de chercher. Certains se voient en jardinier cultivant des fleurs susceptibles de devenir magnifiques et d'émerveiller le monde entier, mais aussi de faner et de tomber dans l'oubli. D'autres vivent dans les nuages ou dans une longue nuit.

Le chercheur peut comparer son travail à une œuvre architecturale, une construction sans fin. Même si elle est déjà belle, il est toujours possible de la modifier, de l'améliorer, de la faire évoluer. Si elle reste inchangée, elle entre dans le musée de la connaissance et devient immuable, avec le risque que nul ne soit autorisé à la contester. La « relique » doit à tout prix être protégée ! Les « sachants » ne sont jamais loin... Quelquefois, un nouveau concept arrive trop tôt et n'intéresse pas grand monde. Il est ainsi éphémère, voué à l'oubli, mais peut être redécouvert par d'autres, quelques années plus tard. On s'aperçoit alors que l'idée appartenait déjà à un inconnu. Et, souvent, on tente « d'oublier » cette contribution... Quand le résultat est compris au bon moment et que la communauté est prête à le recevoir, chacun l'utilise et vous en perdez la paternité. La société s'en est emparée.

Je finis par trouver mon Lego à partir de celui d'Augusto. Son édifice était, en effet, basé sur la formation de gouttelettes d'eau dans l'huile, stabilisées par des molécules de savon (tensioactifs). Il introduisait dans ces gouttelettes des protéines ou des enzymes et en étudiait les propriétés. Ce qui ouvrait une voie de recherche sans précédent. Plus tard, il exploiterait ce concept pour expliquer la genèse de l'humanité. Je lui laisse la responsabilité de cette évolution.

J'utilisai donc ces gouttelettes à des fins différentes, car j'avais constaté que leur taille est contrôlée par la quantité d'eau. Et qu'elles échangent, lors de collisions, leur cœur aqueux pour reformer des gouttelettes identiques aux premières. Phénomène inédit. Les lois fondamentales nous enseignent, en effet, que l'association de deux bulles induit la formation d'une plus grosse, qui devient plus stable que celles d'origine. Nous avons tous vu des bulles de savon s'entrechoquer pour en former une plus importante. Il se trouve que, dans le cas de ces gouttelettes, les lois de la gravité ne sont plus applicables. Ainsi donc, lors des échanges de leur cœur aqueux, une réaction chimique peut se produire, conduisant à la fabrication de nanomatériaux. Je décidai par conséquent d'utiliser des gouttelettes comme nanoréacteurs (réacteur de taille de l'ordre du nanomètre, 10^{-9} m). En modifiant la taille du nanoréacteur, utilisé comme « moule », on devait modifier la taille des nanomatériaux, ce qui induirait un changement de couleur. Je décidai de tenter la fabrication de nanomatériaux de différentes tailles. Et, bingo, cela fonctionnait ! Je détenais enfin mon premier Lego scientifique : la couleur de la solution changeait avec la taille des gouttelettes – la taille des nanomatériaux dispersés dans l'huile était donc contrôlée par celle des gouttelettes ! C'est en faisant évoluer la découverte d'Augusto que j'ai pu proposer une nouvelle voie de recherche.

À la suite de ces résultats et en tenant compte, à nouveau, de ceux obtenus par Augusto, je décidai de modifier chimiquement des enzymes et des protéines. Le processus marchait très bien. Mon nanoréacteur était, en quelque sorte, « universel », utilisable dans le secteur des matériaux et en biochimie.

Personne ne peut imaginer la joie que l'on ressent lorsqu'une telle hypothèse se réalise. C'est le plaisir de découvrir quelque chose dont on rêvait, mais qu'on n'osait espérer.

Une fois publiés les premiers articles rendant compte de l'existence de ce nanoréacteur, Ahmed, l'éditeur déjà mentionné, me demanda d'écrire une revue détaillant ce concept. Je le pris comme un réel gage de reconnaissance et rédigeai avec grand soin l'article demandé. Il fut ensuite soumis à des rapporteurs. Le retour fut superbe. Les trois experts estimaient ce travail de tout premier ordre, à publier au plus vite. Je me précipitai dans mon laboratoire et, folle de joie, l'annonçai aux jeunes chercheurs de talent qui avaient collaboré à ce projet : « Écoutez ce qu'ils disent ! » Mais leur réaction m'étonna : « C'est normal, nous sommes bons ! » Je retournai à mon bureau, attristée. Ils n'avaient pas saisi l'ampleur du risque que nous avions pris, la possibilité de tout perdre. Ils n'avaient pas tissé ces liens invisibles entre le travail d'Augusto et le nôtre. Ils n'avaient pas vécu la contrainte que je m'étais fixée, la vue du vide devant soi, ni la peur de se tromper. Ils avaient réalisé l'expérience que je leur proposais mais ne l'avaient pas imaginée, rêvée. Ils ne prenaient pas conscience de la quantité de travail que cela avait demandé, de l'angoisse, des doutes et de la difficulté de la mise en œuvre. Il était donc logique qu'ils ne puissent partager le bonheur que j'éprouvais… Ce qui est fantastique, c'est d'être capable de gagner contre soi-même. Comment y étais-je arrivée ? Je n'ai pas la réponse.

Un autre projet de recherche a, lui, été inspiré par une promenade en forêt après une grande période de sécheresse. Ce jour-là, je prêtai attention aux craquelures que j'observais sur le sol. L'idée me vint que ces craquelures étaient les mêmes que celles que l'on obtient, au laboratoire, quand on fabrique un film de nanomatériaux. Les deux phénomènes étaient liés à l'évaporation soit de l'eau pour les sols, soit des solvants pour nos échantillons. Pourquoi n'y avais-je pas pensé plus tôt ? Simplement parce que les cultures scientifiques diffèrent et qu'il est difficile d'associer une thématique à l'autre. Pourquoi ai-je soudain établi cette relation entre le sol et les films de nanocristaux ? C'était peut-être lié au hasard, mais aussi au fait que, dans l'article que j'étais en train d'écrire, je me montrais incapable d'expliquer la cause de la formation de ces craquelures. Et je ne pouvais oublier, même au cours d'une promenade en forêt, mes problèmes scientifiques.

À mon retour, je me livrai à une recherche pour savoir si ce phénomène avait été constaté ailleurs, dans la Nature. Il y avait évidemment pléthore d'exemples. Je regardai aussi s'il existait des groupes qui réfléchissaient à cette question : ces craquelures faisaient l'objet d'un très grand nombre d'études. Je décidai alors d'entreprendre un travail plus approfondi sur nos films de nanomatériaux et proposai à un jeune chercheur du groupe de se lancer dans une étude quantitative. Cela nous permit de montrer que la surface d'une craquelure dépend de sa profondeur. L'observation de ces craquelures dans la Nature semble répondre aux mêmes exigences. Nous avons tous observé, lors d'un important dégât des eaux, que la surface des craquelures est bien liée à l'épaisseur de l'enduit qui se détache du mur. Peut-être allais-je un jour essayer de faire ces mesures dans mon jardin ? Je rêve de montrer que les craquelures que l'on observe sur les tableaux répondent aux mêmes lois que celles des films de nanomatériaux. Mais l'accès à ces travaux est difficile et l'étude des craquelures encore plus problématique, du fait de la protection des œuvres. Et puis, on ne peut se disperser…

Le hasard fait souvent bien les choses. On lui doit un nombre considérable de découvertes, comme beaucoup d'autres sont issues d'un concours de circonstances. On appelle ceci la « sérendipité ». Je donnerai ici un exemple, éloigné de toute prédiction et de tout raisonnement préalable, qui nous a permis de réaliser des premières scientifiques.

Pour faire une expérience reproductible, la vaisselle utilisée doit être débarrassée de la moindre impureté. Il faut donc tremper le matériel dans de l'acide, bien le rincer, puis le sécher dans une petite étuve. Après avoir fait elle-même sa vaisselle – ce qui n'est pas la partie la plus agréable du travail –, une jeune chercheuse très précautionneuse la déposa dans l'étuve. En parallèle, elle se livrait à une étude sur des nanomatériaux autoassemblés. Sans s'en rendre compte, elle mit un échantillon de ces assemblages dans l'étuve, avec sa vaisselle. Quelques heures plus tard, elle revint chercher son matériel et retrouva l'échantillon, qui n'avait rien à faire là. Au lieu de le jeter, elle eut l'intuition d'aller l'observer au microscope. Et découvrit de magnifiques triangles orientés dans une direction bien précise. Elle m'apporta le résultat. Nous avions alors deux options : soit laisser tomber cette observation car ce n'était pas ce que l'on cherchait, soit imaginer qu'il y avait peut-être quelque chose d'important à trouver. D'un commun accord, nous choisîmes la deuxième solution. Tout d'abord, nous nous assurâmes que le processus était reproductible. Nous vîmes que la formation de ces cristaux triangulaires était liée à la « qualité » de l'assemblage de nanomatériaux. La taille des triangles dépendait de l'étendue de l'assemblage. Cette étude peu coûteuse permit de démontrer des propriétés collectives inattendues.

Ainsi, la création nécessite beaucoup de travail. Il faut accepter que les hypothèses que l'on a émises soient erronées et en chercher les raisons, afin de mieux avancer. Le chercheur doit être aux aguets de tous les résultats, qu'ils soient positifs ou négatifs. C'est ainsi que des découvertes sont faites par hasard, le savoir humain étant négligeable face à ce qu'il reste d'inconnu.

Et l'éthique dans tout ça ?

Les incivilités sont aussi fréquentes dans la recherche qu'ailleurs, même si l'on aurait pu espérer ne pas en rencontrer autant en sciences. Bien qu'aucune d'entre elles ne soit acceptable, il en existe toute une hiérarchie. On peut, dans l'ordre décroissant (si cela est possible), citer le vol, la pression psychologique, le plagiat et, enfin, la fausse invention. Nous prendrons quelques exemples édifiants, que la communauté essaie parfois de faire passer pour pertes et profits.

L'un des plus grands scandales du XXe siècle est le cas de James Watson et Francis Crick, honorés avec Maurice Wilkins du prix Nobel, pour leur découverte de la structure tridimensionnelle de l'acide désoxyribonucléique (ADN). Francis Crick était un physicien et biologiste britannique, de l'université de Cambridge, qui travaillait avec un jeune généticien et biochimiste américain, James Watson. Ils cherchaient à identifier la structure de l'ADN. Pour ce faire, ils avaient besoin de données cristallographiques. Or, Maurice Wilkins, physicien et cristallographe, s'intéressait lui aussi à cette thématique. Après une thèse en cristallographie préparée aux côtés de Watson, Rosalind Franklin partit faire un stage de longue durée en France, puis revint au King's College de Londres où Wilkins lui confia l'étude de la structure de l'ADN. Il s'avéra que ses clichés de microscopie électronique expliquaient parfaitement la structure en double hélice. Crick, Watson et Wilkins se doutant qu'elle possédait des résultats importants tentèrent de la malmener pour obtenir son départ et avoir accès à ses informations, mais elle refusa de les leur transmettre et décida de quitter le King's College. Le Medical Research Council lui demanda alors un rapport d'activité lié à son contrat, en lui assurant qu'il resterait secret. Dans ce rapport, Rosalind Franklin conclut que « la structure cristallographique de l'ADN est celle d'une double hélice ». Ayant appris l'existence de ce document, Wilkins et Watson le réclamèrent au Medical Research Council, qui le leur transmit, sans en informer Franklin. Munis de ces résultats, il était facile à Crick et Watson d'y associer les leurs et de publier, en 1953, un article annonçant la structure de la double hélice de l'ADN, sans bien sûr mentionner Franklin. Maurice Wilkins fournirait, en dupliquant les expériences de la chercheuse, la partie cristallographique.

J'imagine la tristesse de Franklin quand elle découvrit l'article de Crick et Watson, puis celui de Wilkins. On a déjà vu à quel point Hallami avait été détruit après le vol de sa découverte, qui n'avait pas de commune mesure à celle de l'ADN et n'était pas du niveau du Nobel. Rosalind Franklin mourut en 1958. Officiellement, son décès est dû à un cancer lié aux phénomènes d'irradiation électronique mal contrôlés, qui lui ont permis de découvrir la structure de l'ADN. (Ce qui m'a rappelé les risques que j'aurais moi-même encourus et dont Patrick avait fait part à ma mère.) Cependant, ayant vécu le désarroi d'Hallami, je me demande si le vol qu'a subi Franklin n'a pas participé à réduire ses défenses immunitaires, qui lui auraient permis de combattre la maladie.

Après sa mort, en 1962, Crick, Wilkins et Watson reçurent le prix Nobel. Le comité Nobel et les institutions du King's College négligèrent le travail de Rosalind Franklin pour que les trois autres puissent être récompensés. Alfred Nobel a, en effet, établi des règles strictes : le prix ne peut être attribué si l'un des primés est mort et il est limité à trois personnes. Or ils étaient déjà trois et Franklin était morte. Le plus simple était donc de l'oublier et d'attribuer la récompense à ces trois chercheurs.

Cet exemple est aujourd'hui connu de tous les scientifiques et l'ensemble de ces informations se trouve sur le Net. Mais la communauté scientifique continue à enseigner à nos enfants que Crick et Watson ont découvert la structure de l'ADN. Après plus de soixante ans, il serait temps que leurs agissements soient expliqués aux jeunes générations. Bien que l'erreur soit humaine, il est important que la vérité soit établie et ce type de comportement combattu. Il n'en va pas seulement de la reconnaissance de Franklin, mais du combat de la propriété intellectuelle. Cette affaire s'est déroulée au milieu du XXe siècle, quand le nombre de chercheurs était très limité et l'information scientifique pouvait être connue de tous. On peut d'ailleurs remarquer la différence de spécialité de ces trois scientifiques (physique, biologie, généticien, biochimiste). Dans la deuxième moitié du XXe siècle, la recherche a connu un tel essor qu'il n'existe plus de chercheur susceptible de connaître tout ce qui se fait dans sa propre discipline, à plus forte raison dans quatre disciplines différentes. Les incivilités peuvent donc, *a priori*, se développer encore plus facilement et passer inaperçues.

Bell Labs (1925-2012) était un institut américain extrêmement sélectif qui, depuis sa création, avait reçu huit prix Nobel en physique. La compétition y régnait en maître. Les chercheurs y subissaient une pression extrême et pouvaient être renvoyés d'un jour à l'autre.

En 1997, Bernhard soutint sa thèse, à Francfort. Son directeur de thèse, qui était en contact avec des chercheurs de Bell Labs, lui « décrocha » là-bas un stage postdoctoral. Il y obtint des résultats qu'il tenta de publier dans un journal de physique. Mais l'article fut rejeté. Il le soumit à nouveau, un an plus tard, en présentant de nouveaux résultats. Cette fois, le papier fut accepté. Or, l'une des figures de l'article avait été modifiée grâce à un logiciel spécifique… La production scientifique de Bernhard augmenta de façon exponentielle, avec des articles publiés dans les plus grands journaux internationaux. Ceci est étonnant quand on sait que la recherche se fait sur un temps long. Il décrivait des systèmes cruciaux pour des applications majeures. Et changeait souvent de thématiques, en publiant toujours dans des journaux importants. Changer de thématique nécessite pourtant un gros travail et beaucoup de temps. Comment pouvait-il y parvenir ? Joachim, prix Nobel de physique, impressionné par son talent apparent, lui proposa un poste de directeur d'un Max Planck – l'un des instituts allemands les plus prestigieux. Un poste à vie, doté de facilités financières considérables. Mais Bernhard refusa cette offre, affirmant être heureux à Bell Labs. Sa production scientifique continuait d'augmenter. Pourtant, nombreux étaient ceux qui tentaient de reproduire ses expériences, en vain. Les critiques fusaient de part et d'autre. Des chercheurs écrivirent aux journaux qui avaient publié ses articles en soutenant que ces résultats n'étaient pas reproductibles. Un chercheur de Bell Labs constata, en outre, que Bernhard passait plus de temps dans son bureau que dans la salle d'expérimentation. En général, c'est l'inverse ! Il s'en étonna auprès d'un des directeurs de l'institut. La direction de Bell Labs fut ainsi alertée, tant par les éditeurs des journaux que par les chercheurs qui n'avaient pu reproduire les expériences. Une enquête montra que tous ces articles avaient été inventés… Je serais incapable d'avoir tant d'imagination. Tricher suppose un vrai talent ! Les journaux retirèrent peu à peu les articles de Bernhard, qui fut renvoyé de Bel Labs et eut sa thèse annulée. Quel dommage, il aurait pu être un grand scientifique ! Il y a tant de chercheurs qui n'ont guère d'idées originales. Mais il a tout gâché.

Les « nano bâtons » d'or sont très étudiés car leurs potentialités d'application sont considérables dans différents domaines de la recherche. Un professeur d'une université américaine publia, dans l'un des meilleurs journaux américains, des résultats insolites : il affirmait pouvoir orienter ces « nano bâtons » d'or ! L'article fut accepté et publié. Mais les spécialistes s'étonnaient d'un tel résultat. Personne ne comprenait quelles pouvaient être les forces mises en jeu pour que ce phénomène puisse se produire. Les experts, qui avaient jugé son travail très positif, ne s'étaient pas posé la question et avaient accepté la publication de cet article. Étonnant ! Peut-être l'éditeur n'avait-il pas nommé les meilleurs experts ? Bizarre ! Cette publication fit grand bruit dans le milieu. Certains chercheurs étudièrent les photos publiées et l'un d'eux s'aperçut qu'elles avaient été trafiquées : les auteurs avaient utilisé Photoshop pour modifier la figure. Immédiatement, l'information fut mise en ligne. De nombreux scientifiques s'amusèrent à proposer des images truquées, plus propres que celles publiées. Débuta le concours de la photo la mieux trafiquée. Les chercheurs peuvent aussi passer du temps à s'amuser ! C'est une façon de défendre leur Lego… Le scandale éclata. La tricherie était tellement flagrante que l'enquête fut rapide. Le journal retira l'article. La présidence de l'université renvoya le professeur responsable de la publication et son laboratoire fut dissous.

Ce genre de pratiques a lieu, en général, dans des pays où la corruption est plus acceptée. Mais, comme on vient de le voir, cela n'arrive pas que là-bas ; l'Occident contribue largement à ces incivilités. La seule différence est que les sanctions y sont plus sévères.

Une année, à Wolfeboro, je fis la rencontre de Bugsy, un chercheur de Bell Labs qui travaillait sur les propriétés optiques de semi-conducteurs. À la fin de sa conférence, il dit vouloir diminuer la taille de ses semi-conducteurs et peiner à y arriver. Un soir, je lui parlai de mes travaux en cours et lui précisai qu'ils étaient liés au contrôle de la taille des nanocristaux. Il me demanda plus d'informations. Je lui expliquai l'utilisation des gouttelettes d'eau dans l'huile comme moule, qui permet de fabriquer des nanocristaux sphériques. Et je lui dis en avoir déjà quelques preuves. Il me regarda comme un petit chat qui parle ! Quelques mois plus tard, il m'écrivit pour me demander si j'avais progressé sur cette thématique. J'étais si contente d'y être arrivée que je lui envoyai mes résultats avant de les avoir publiés. Erreur fatale ! L'expérience d'Hallami ne m'avait donc pas servi ! Il faut savoir qu'une fois les résultats obtenus, reste à rédiger l'article, ce qui prend du temps. En effet, on doit parfois reprendre certaines expériences afin de confirmer les résultats et de convaincre experts et lecteurs. Il existe donc un laps de temps entre l'obtention des résultats et leur publication. Apprenant que je devais me rendre aux États-Unis, Bugsy m'invita à Bell Labs. Il y avait là, avec lui, Stephen et Reid, qui étaient en stages postdoctoraux. J'avais l'impression de me retrouver face à trois chasseurs à l'affût, cherchant comment et quoi me soutirer comme information. Je n'ai jamais visité d'asile, mais j'avais brusquement la sensation d'y être – ce que j'éprouvais pour la première fois dans un environnement scientifique. À la fin de ma visite, Bugsy me dit : « À la suite de notre discussion, l'année dernière, à Wolfeboro, et avec les informations supplémentaires que vous nous avez fournies, nous avons développé les mêmes thématiques que vous, mais je n'ai pu vous prévenir car j'ai déposé un brevet… » J'étais médusée, anéantie. Je m'étais laissé piéger, comme Hallami. J'avais fait exactement la même erreur que lui, à quelques années d'intervalle… Même des instituts très sélectifs ont des chercheurs prêts à s'emparer des travaux des autres. Pour être le meilleur, parfois, tous les coups sont permis.

Ces trois-là devinrent mon « trio infernal ». Mais, à la différence d'Hallami, je décidai de ne pas me laisser faire, même si c'était une bataille du pot de fer contre le pot de terre qui s'engageait. J'étais seule avec quelques étudiants, et peu soutenue par ma hiérarchie, qui avait qualifié mon projet de « zoologie ». En face, j'avais trois scientifiques de très haut niveau, employés dans un institut américain prestigieux. Nous avions publié en même temps. J'avais même quelques jours d'avance et Bugsy précisait dans son article que je lui avais fourni certaines informations. Mais ceci n'avait aucune importance. La communauté scientifique ne retenait qu'une chose : que Bell Labs avait publié, pour la première fois, un mode de limitation de la taille des nanomatériaux. Le coup était rude. Bugsy m'avait volé mon Lego. Je me sentais perdue, comme un enfant. La lutte était difficile. D'autant que Bells Labs ayant fermé plusieurs de ses laboratoires,

Stephen était désormais au MIT, Reid à Berkeley, sans oublier Bugsy à Columbia. Et tous les trois faisaient front contre moi.

Je parvins à m'en remettre et à leur montrer que cette petite Française n'était pas prête à accepter l'inacceptable. Bugsy fut néanmoins récompensé par l'un des plus prestigieux prix internationaux, pour avoir « découvert » mon Lego ! Quand j'en parlai à l'un des membres du jury, il me répondit : « Je pensais qu'il était le premier. » Voilà un bel arrangement entre Américains !

Un jour, Bugsy tenta de s'excuser en me disant : « À Bells Lab, quand je partais en vacances, je n'étais pas sûr à mon retour de retrouver mon laboratoire et mon bureau... » Je lui rétorquai : « Cela n'oblige pas à prendre ce qui ne vous appartient pas ! » Et depuis, je m'amuse de son malaise, chaque fois qu'il me voit ! L'une de mes amies dit que je suis sa mauvaise conscience. Il a été primé mais sait qu'il ne le mérite pas. Très récemment, lors d'une de mes visites à Columbia, j'ai eu l'occasion de le retrouver, en présence de jeunes chercheurs qui ignoraient cette histoire (il y en a encore quelques-uns, mais peu). Ils étaient médusés par l'attitude de Bugsy, ne parvenant pas à comprendre pourquoi il avait tant de mal à me regarder dans les yeux et à me parler. L'un d'eux m'a demandé si l'on avait travaillé ensemble. Bugsy est resté silencieux et, moi, j'ai répondu par la négative. Je dois confesser que je n'ai rien fait pour lui faciliter la tâche... Son attitude révélait qu'il n'était sans doute pas si mauvais ! Mais il a tout de même ressenti le besoin de m'expliquer que sa production scientifique était actuellement bien limitée car il se livrait à un travail de fond, contrairement à d'autres. Les autres, c'était moi ! Comme j'avais toujours emmené ma fille aux conférences, il m'a demandé ce qu'elle était devenue. Je lui ai dit que les choses ne se présentaient pas sous le plus mauvais jour pour elle et pour les siens – sans donner plus de précisions. Et lui, de lancer : « Sais-tu qu'elle et son mari peuvent être renvoyés de leurs sociétés respectives ? »... Qu'importe. Il est inutile de perdre son temps. J'ignore qui a gagné, de lui ou de moi. Et je n'ai aucun regret ni animosité car il ne mérite pas d'attention... J'aime faire avancer mes Lego. Comme avec une voiture de rallye un peu cabossée, il est préférable de tout faire pour gagner la prochaine course plutôt que de perdre son temps à faire des réparations. Même si des parasites entravent parfois notre route, nous pouvons continuer à avancer et oublier ceux qui ne présentent guère d'intérêt, bien qu'ils engendrent beaucoup de stress et de nuits blanches !

Giancarlo tomba, un jour, sur un article d'un laboratoire coréen très proche d'un de ceux qu'il avait publiés quelques années plus tôt. À sa lecture, il s'aperçut qu'il existait non seulement une grande similitude dans l'approche scientifique, mais que la figure majeure de la publication était aussi une duplication de la sienne ! Dans un premier temps, il écrivit au groupe coréen, joignit son propre article et s'étonna de ne pas être cité. Sans réponse, il contacta l'éditeur qui avait publié cet article important. Celui-ci demanda aux Coréens d'envoyer un *addendum* qu'il se proposait de publier. Mais ils ne le firent jamais ! Le groupe qui avait plagié est pourtant considéré comme un leader dans son domaine... La responsabilité des éditeurs est, d'ailleurs, majeure, et d'autant plus quand leur journal a un fort impact.

Une autre incivilité est de présenter des résultats qui ne sont pas les vôtres, sans le mentionner. Enrico, un collègue italien, avec qui j'avais d'excellentes relations, devait faire une conférence dans un grand colloque. À l'issue de ma propre présentation à laquelle Enrico assistait, je lui dis : « Je vais venir t'écouter ! » Il me répondit : « Non, ce n'est pas la peine. Il y a tellement de conférences intéressantes en même temps... » Je n'y prêtai pas attention et arrivai après le début de son exposé. Quelle ne fut pas ma surprise : il présentait des résultats que je venais de publier ! J'étais médusée devant une telle imposture. À la fin, comme d'habitude, certains posèrent des questions sur ce travail. Or, Enrico, ne sachant que répondre mais m'apercevant dans la salle, me proposa sans sourciller de répondre à sa place. Quelle audace ! Chacun comprit alors qu'Enrico avait simplement emprunté mes résultats. Il n'était pas à l'origine du travail et ne connaissait donc pas les détails de l'expérience. Il possédait l'information, mais pas la connaissance profonde qui permet de répondre à bien des questions. Il n'en montrait aucune gêne. Il avait dû souvent le faire ! À sa place, je me serais glissée dans un trou de souris, mais pas lui ! Le soir même, il m'invita à dîner. Je compris alors pourquoi il me faisait souvent des cadeaux – soi-disant de la part de sa femme, que je connaissais à peine…

Une anecdote similaire est arrivée à mon ami Laszlo. Brian, l'un de ses anciens et brillants étudiants, décida de présenter à un congrès le travail qu'ils avaient réalisé ensemble. Pourquoi pas. Sauf qu'il oublia de mentionner que cette recherche était à l'initiative de Laszlo et qu'il la présenta comme son propre projet ! Puisqu'il avait participé au travail, il se montra, lui, capable de répondre aux questions, mais Laszlo se sentit trahi par celui qu'il considérait comme son fils scientifique. Eh oui, certains cherchent à exister sans leur mentor. Quitte à tuer le père !

Une autre incivilité est purement psychologique : il s'agit d'impressionner le concurrent, de l'endormir pour l'empêcher de publier. Alors que je séjournais dans son laboratoire à Lausanne, Helmut revint d'un voyage en Allemagne, où il avait rencontré Wolfgang qui avait été son directeur de thèse. Il vint me voir et s'exclama : « Il faut que l'on publie d'urgence vos travaux ! » Je lui expliquai que tout n'était pas terminé et que l'on ne pouvait sortir l'article en l'état. Helmut sembla très contrarié. Mais pourquoi voulait-il, tout d'un coup, les publier le plus vite possible ? Il me répondit que Wolfgang effectuait les mêmes expériences. Afin de lui faire abandonner son projet, Helmut lui avait affirmé que nous avions envoyé un article pour publication sur une thématique similaire et qu'il était donc inutile de poursuivre ce projet. Il n'était pas question que mon nom soit associé à un travail non terminé. Je lui dis donc qu'il pouvait prendre les résultats, bien que j'aie développé cette thématique pendant plus de six mois. Mais ce serait sans moi. Helmut tourna les talons, furieux, et resta très en colère contre moi pendant quelques semaines. Il décida de ne pas publier. Et, quand le travail fut enfin achevé, il ne semblait plus l'intéresser. C'était le retour du berger à la bergère ! Il mit plus d'un an à accepter que l'on fasse parvenir l'article à un journal. Finalement, Wolfgang ne le publia jamais et, nous, nous le fîmes avec un grand retard. Dommage.

Barry est un Australien, théoricien de génie, à qui la Suède avait offert une invitation permanente. Il pouvait y travailler avec qui et où il voulait. Sa seule limitation était de faire de la recherche là-bas, tout en ayant le droit de faire de brefs séjours à l'étranger. Un poste en or pour un théoricien ! Barry vint à plusieurs reprises passer un mois dans mon laboratoire. Comme il n'était présent que pour de courtes périodes, nous travaillions d'arrache-pied et jusque très tard le soir. Nous n'avions pas la même culture scientifique et il nous fallait donc beaucoup de patience, de part et d'autre, pour avancer. Mais les chercheurs l'adoraient car il savait être drôle, imaginatif, il avait réponse à tout, même quand cela ne fonctionnait pas. Barry était de ceux qui ont besoin de leur verre de whisky en fin de journée, si bien que, quand il était au laboratoire, j'avais toujours une bouteille dans mon bureau. Et, lorsque le travail était intense, je devais la renouveler, mes collègues estimant qu'il avait de meilleures idées après un petit verre !... Nous vivions une très belle aventure. Barry était un homme profondément singulier. Je le considérais comme un grand frère, en qui j'avais une totale confiance.

Un jour, en le raccompagnant à l'aéroport, je lui demandai conseil : Sandra, directrice d'une grande société de Cincinnati, me proposait de devenir consultante chez eux. Je connaissais mal les conditions d'expertise aux États-Unis et interrogeai donc Barry sur les contraintes et les retours financiers. Aussitôt, il voulut savoir qui m'avait contactée et pour combien de temps le contrat serait passé. Là encore, je compris que j'aurais mieux fait de me taire et envoyai rapidement le projet à Sandra.

Quelques mois plus tard, j'étais à Stockholm où Per organisait un congrès. Barry était là et me demanda de lui présenter Sandra. À l'évidence, il voulait prendre ma place. Je la lui présentai car il est toujours intéressant d'observer le comportement des gens… Quelques mois après, à Göteborg, Barry et moi étions invités à dîner chez Per, qui me prévint que Barry passerait me chercher à l'hôtel. Comme nous étions en avance, nous décidâmes d'aller prendre une bière. Là, il m'annonça avoir convaincu Sandra de lui donner le poste qu'elle m'avait proposé. Il me dit qu'il avait lu mon projet et pouvait le réaliser, et que sa double casquette « théorie/expérience » intéressait davantage la société de Cincinnati… Bien qu'il fût très intelligent, Barry était théoricien et donc incapable de diriger un projet expérimental : à chacun son métier. Il comptait néanmoins apporter à Cincinnati le travail fait dans mon groupe. Aussi demanda-t-il à l'un de mes chercheurs de lui envoyer les résultats de nos travaux sans m'en tenir informée. C'était mal nous connaître :

raté, nous étions solidaires ! Barry n'eut plus de nos nouvelles. Et le travail proposé à Cincinnati ne put évidemment être réalisé... Quel dommage de mettre fin à une belle relation pour de simples raisons financières et le gain, éventuel, d'un tout petit prestige !

Un autre type d'incivilités est lié à la qualité des résultats publiés. Depuis plusieurs années, la course à la publication est ouverte. Le terme *publish or perish* est éloquent. Il faut donc publier du sensationnel, en termes de qualité comme de quantité. Cette course se fait en plusieurs étapes. Certains résultats sont falsifiés afin d'être publiés dans des revues à fort facteur d'impact. La plupart du temps, ils restent dans l'ombre ; il est pourtant quelquefois impossible de refaire l'expérience. Ces graves incivilités n'empêchent pas leurs auteurs de faire carrière et de parvenir à des niveaux décisionnaires importants. Dans ce désastre scientifique, on peut tout de même nourrir l'espoir que les coupables de telles malhonnêtetés décident, en atteignant de hauts postes, de « laver plus blanc que blanc » et se montrent exigeants envers les autres. C'est, en tout cas, mon souhait le plus grand.

Attiser la passion

Sans compétition, la passion s'estompe et l'être humain a tendance à se laisser aller. La compétition, surtout contre soi-même, me paraît la plus intéressante : elle donne une envie farouche de s'améliorer et de se surpasser. Elle nous hante. Elle peut engendrer l'angoisse de ne plus ni apprendre ni comprendre, de ne plus être en capacité de créer et, donc, d'être ignoré. Cette forme de compétition est plus qu'un stimulant, c'est une drogue !

Une fois qu'on a réussi à produire des résultats importants, on se demande aussitôt : « *What's next ?* » Serons-nous capables de faire mieux ? Avons-nous atteint nos limites de compétences ? Nos systèmes sont-ils aussi prometteurs que cela ? Ce sont des moments difficiles à vivre. Après la joie du travail accompli – lorsque nos pairs l'ont jugé positif ou que l'on a été plébiscité lors d'une conférence –, vient le temps du questionnement et de l'angoisse. Cette remise en cause, indispensable mais terriblement perturbante, ne survient que si l'on a mis toutes nos forces dans ce projet. Quand on ne fait qu'exécuter la tâche proposée par un autre, la situation est différente. La satisfaction de voir son travail reconnu n'a rien de comparable avec la crainte, qui nous a hantés, que tout s'arrête.

J'ai moi-même fait l'expérience de ces deux cas de figure. Toutes les activités scientifiques que j'avais développées avant la fabrication des nanomatériaux représentaient des contributions, qui étaient certes souvent bonnes, mais dont je n'étais que copropriétaire. Elles avaient été faites sous l'impulsion d'autres scientifiques. Après l'acceptation de l'article ou la présentation des résultats, j'étais contente du travail rendu, mais n'éprouvais rien de plus. Il m'est même arrivé d'avoir oublié l'une de ces contributions. Je rencontre un jour un collègue qui me dit : « Nous avons pu confirmer les résultats que vous avez publiés dans tel journal. » Je ne savais pas de quoi il parlait ! Ce travail m'était totalement sorti de la tête, passé sous le radar alors que j'y avais travaillé pendant plusieurs mois. En revanche, je ne peux oublier la fabrication des nanomatériaux – mon premier Lego. L'angoisse m'avait marquée au fer rouge. Comment faire mieux ? Comment avancer ? J'avais évidemment une porte de sortie conséquente : je devais identifier les propriétés physiques et chimiques de ces matériaux, étape majeure pour qu'un jour ce travail soit utile à la société. Mais que faire, après ? Chaque fois que l'on découvrait une propriété, on repartait pour une nouvelle aventure et cela pouvait être sans fin. Cela n'empêchait pas des questions majeures : Quelle était l'utilité de tout cela ? À quoi allions-nous aboutir ? Tous ces travaux m'ont marquée à jamais.

Si l'on peut faire une analogie entre ces deux approches, considérons la production d'un gâteau : vous fabriquez un gâteau et l'améliorez peu à peu. Votre gâteau sera meilleur, mais restera fondamentalement le même ; c'est ce que j'appelle changer un paramètre. La fabrication d'un gâteau inédit est une découverte.

La compétition contre les autres, j'ai aussi eu l'occasion de la rencontrer, notamment avec mon « trio infernal » – Bugsy, Stephen et Reid – qui s'était emparé de mon projet, car je n'avais pas été assez vigilante. Le combat féroce qui en a résulté s'est transformé en véritable passion. Sans ce vol, peut-être n'aurais-je pas cherché à aller plus loin, plus fort ? Je ne ressens aucune amertume car ils m'ont donné la force de me surpasser et de ne jamais me contenter de la réalisation précédente. Depuis, j'ai toujours en tête ce fameux « *What's next ?* ».

Pour cela, il me fallait me différencier des autres et donc me renouveler, trouver des orientations différentes de celles de mes compétiteurs, tout en restant dans le même domaine. J'essayai alors, malgré ces « margoulins », de poursuivre le raisonnement précédent. Si des gouttelettes sphériques permettent de fabriquer des nanomatériaux sphériques, un changement de la forme du moule doit permettre de modifier celle des nanomatériaux. Voilà un nouveau « challenge » ! Comment modifier la forme du nanoréacteur quand celui-ci est un assemblage de molécules ? Une étude très détaillée de la structure de ces moules le rendrait possible, mais cela demanderait quelques années. Or, il faut toujours avoir plusieurs « casseroles » sur le feu. En effet, si le « moule » n'était pas efficace, l'étude complète de ces assemblages de molécules pouvait apporter une contribution non négligeable dans le domaine de la stabilité des émulsions, telles les vinaigrettes que l'on achète au supermarché. Donc, si le projet de contrôler la forme des nanomatériaux ne fonctionnait pas, l'étude de la structure du moule était importante à d'autres fins...

Nous trouvâmes le moyen de changer la forme du moule, donc du nanoréacteur, et bingo ! La forme du moule contrôlait celle du nanomatériau. Le concept du « moule » se généralisait partiellement : un moule sphérique donnait des nanomatériaux sphériques, un moule cylindrique des nanocristaux allongés. Cette approche semble évidente : si je vous dis que j'ai un moule et que la forme du gâteau est celle du moule, vous n'en serez pas étonné mais, à l'échelle de quelques nanomètres (10^{-9} m), les choses ne sont plus aussi faciles à appréhender. Il faut également considérer qu'un moule à gâteau est statique, alors que celui-là est dynamique. En recherche, on peut souvent se référer à des choses du quotidien et cela est fascinant...

Le renouvellement constant des thématiques, dans la continuité, s'avère donc primordial pour avancer, comprendre et découvrir de nouveaux processus, mais aussi pour grandir, scientifiquement parlant.

Beaucoup de mes élèves ont pu décrocher des stages après thèse aux États-Unis, notamment auprès de mon « trio infernal », qui les employait pour tenter d'en apprendre plus sur mes projets en cours. L'un d'eux a même eu l'audace de me l'avouer ! Mais, désormais méfiante, et bien que nous partagions notre travail, je ne donnais plus mes objectifs à long terme. Pour trouver de nouvelles voies, il faut beaucoup travailler, et pas seulement essayer de débaucher des jeunes en fin d'études.

À quel prix, d'ailleurs, peut se faire une découverte ? Lors d'un congrès à Palerme, je fis la rencontre de Frank, un chercheur du Max Planck Institute de Berlin. C'était un spécialiste des processus primaires de l'action de la lumière sur la matière. Un homme charmant, courtois, élégant, qui paraissait, en fait, plus italien qu'allemand. Partager un moment de détente avec lui était très agréable ; il avait toujours une histoire drôle à vous raconter. Et pourtant, quand il était question de recherche, il devenait l'homme le plus arrogant que j'ai connu – et Dieu sait que, de ce spécimen, il y a pléthore... Il estimait que tous les autres membres du laboratoire n'y comprenaient rien et que j'étais la seule avec qui il acceptait de discuter ! Comportement insultant pour mon groupe, qui était composé de bons scientifiques. Je finis par obtenir que Laure puisse participer à nos discussions. C'était une jeune chercheuse de talent, qui était partie prenante du projet que nous développions avec Frank. L'intégrer était aussi une façon de la sortir de son cocon. Elle avait de la valeur et il fallait qu'elle apprenne le métier. Mais cela ne se faisait pas en douceur : combien de fois l'a-t-il fait pleurer ! Le reste de l'équipe la plaignait et éprouvait à l'égard de Franck un sentiment de détestation tout à fait compréhensible. Cette collaboration représentait pourtant une chance pour elle : j'en restais persuadée. Frank était le contraire de Jean-Philippe, qui était toujours dans un processus de construction. Mais il avait beau être désagréable, il était compétent et possédait les bons réflexes scientifiques. Il avait toujours l'argument qui ruinait ce que l'on pouvait annoncer... Or, l'on progresse quand, poussés dans nos retranchements, on arrive à prouver que ce que l'on affirme est cohérent. Cependant la pression était telle que Laure se décourageait et ne voulait plus travailler avec lui. Je lui expliquai alors que nous avions besoin de ses compétences pour avancer et que nous devions accepter la façon d'être de Frank, même si elle était pénible. L'intérêt premier de ces nanomatériaux était, en effet, de connaître leurs propriétés physiques et de ne pas se tromper dans les interprétations. Il fallait donc accepter ses caprices. Mais Dieu que cette collaboration était difficile ! On ne savait pas où l'on allait et ce que l'on observait, car c'était la première fois que de telles expériences étaient menées. Comme nous n'avions pas d'explication évidente, la thématique étant trop neuve, Frank, quand nous ne comprenions pas le phénomène, avait le réflexe des « faibles » : il rejetait le problème sur les autres. Son leitmotiv : « Vous, les chimistes, vous utilisez des produits sales, ce que l'on observe n'est par conséquent que des processus dus aux impuretés », et donc pas liés aux matériaux. Il est vrai que la technique utilisée est très sensible aux impuretés, mais les réponses des impuretés potentielles sont différentes. Alors qu'étions-nous en train d'observer ? Afin de mettre un terme à ces allégations répétitives et décourageantes, nous décidâmes de modifier la surface des nanocristaux. On espérait ainsi que tous les produits de synthèse et les impuretés seraient évacués et que l'on pourrait observer les propriétés optiques spécifiques de ces nanomatériaux. En fait, les réponses optiques s'avéraient les mêmes, nos nanomatériaux étaient donc plus propres. Nous croyions être arrivés au bout de notre épopée, alors que ce n'était que le début de l'aventure !

Cette modification de la surface des nanomatériaux permit d'obtenir une sélection par la taille et conduisit à leur assemblage en réseau hexagonal compact. En effet, si l'on considère des billes ou des oranges de même taille, leur arrangement compact est un réseau hexagonal. Et voilà qu'une nouvelle thématique émergeait par accident, grâce à beaucoup de travail, de constance, de chance et, indirectement, grâce à Frank qui nous avait tant bousculées ! Il en était très fier et redevint l'homme si aimable de nos moments de détente. Laure en resta stupéfaite. Comment pouvait-il se transformer de la sorte ? Elle ne le comprit pas plus que moi ; c'était pourtant ainsi. Nous n'étions plus dans le cocon français, mais dans un environnement international où rien n'est offert et tout doit se gagner. Même avec cette bonne nouvelle qu'était l'assemblage des nanomatériaux, Laure ne parvint toujours pas à apprécier Frank à sa juste valeur scientifique.

Lors d'une conférence au Mont-Saint-Odile, elle présenta son travail sur ses assemblages. Et Frank fit la publicité de cette jeune chercheuse, aimant dire qu'il était à l'origine de ces résultats, ce qui était exact.

Il nous avait tellement perturbées, mais c'était un vrai booster !

Stephen, un professeur au MIT (membre du trio infernal) et l'un des amis de Frank, adopta au cours de ce colloque un comportement très étonnant : il refusa d'écouter Laure et s'éloigna. Essayant de comprendre pourquoi, Frank passa beaucoup de temps avec lui, en vain. Vu l'expérience que j'avais eue avec Bugsy (le chef de ce trio), je compris très vite que nous étions sur les mêmes thématiques. Donc, non seulement ce travail le dérangeait, mais il nous replongeait dans ce cycle infernal, où régnait la défiance et où Stephen n'avait probablement pas envie de rentrer. En revanche, si l'occasion se présentait, il ferait tout pour nous empêcher d'avancer.

Nous envoyâmes notre article, qui fut rejeté avec des arguments peu convaincants. Les rapporteurs étaient anonymes mais, sûre de moi après plusieurs allers-retours, je téléphonai à l'éditeur du journal et lui dis : « Allez-vous accepter que Stephen puisse nous empêcher de publier ? » Comme je venais de nommer l'expert qui faisait blocage, l'éditeur – qui ne pouvait être compétent dans tous les domaines émergents – comprit qu'il y avait compétition et accepta notre article. Stephen publia presque en même temps le sien, et sans contrainte. Évidemment, Américain et du MIT, il devait être bon, ce qui était exact. Qui atteignit le premier la ligne d'arrivée ? Nous, dont l'article était paru une semaine avant le sien. Ce sont des détails que le commun des mortels peut considérer comme dérisoires, mais que l'on ne se trompe pas : le premier est le premier, comme dans une course sportive… Ces recherches avaient été réalisées simultanément et la concomitance de nos publications une pure coïncidence, contrairement au comportement de Bugsy à propos de la fabrication des nanomatériaux. La compétition battait à nouveau son plein.

D'où tire-t-on la plus grande part de satisfaction ? Du travail rendu ou de la primauté du travail ? Je dirai des deux, qui sont indissociables. Mais le plaisir est un peu amoindri du fait qu'il soit nécessaire de « batailler » pour parvenir à son but. Sur cette nouvelle thématique, la compétition avec Stephen resta néanmoins correcte. Chacun menait sa route et que le meilleur gagne. Vouloir dépasser l'autre n'est pas un défaut, à mes yeux. Un jour, c'était lui, un autre moi et cela me semblait parfait. Au fond, nous avions tous les deux la même passion : faire la meilleure recherche possible. En revanche, certains de ses anciens étudiants vivaient très mal ce challenge ; ce n'était pas important, mais ils pouvaient tout de même se montrer nocifs.

La compétition permit de confirmer, *via* d'autres nanomatériaux, que ce processus d'autoassemblage était possible. Les nanocristaux s'assemblent, en fait, comme les atomes dans un cristal et forment ainsi un assemblage cristallin, appelé supracristal, similaire aux cristaux atomiques. Les atomes sont remplacés par des nanocristaux et les liaisons atomiques par l'habillage des nanocristaux. Mais une question majeure se posait à nouveau : dans quelle direction allaient s'orienter les recherches de Stephen et les nôtres ? Allions-nous suivre le même chemin ? Alors qu'une nouvelle aventure commençait, l'angoisse nous assaillait. Il nous fallait avancer dans le noir sans savoir si nous allions nous retrouver à nouveau en compétition. Mais pourquoi gâcher notre plaisir ? Inutile d'avoir peur, avançons ! Ces assemblages devaient avoir des propriétés exceptionnelles. Existait-il une analogie entre les propriétés physiques des cristaux atomiques et celles des supracristaux ? Nous nous mîmes en quête de ces nouvelles propriétés.

Lors d'un atelier à Marseille, je fis la rencontre de Florent qui avait démontré que, lorsque des nanocristaux sont soumis à un rayonnement lumineux, les atomes qui les constituent vibrent en cohérence. J'allai le voir et lui demandai s'il serait possible d'envisager un phénomène identique pour les supracristaux : les nanomatériaux pourraient-ils vibrer en cohérence dans un supracristal ? Comme il avait besoin de nos nanocristaux pour compléter son travail, il me laissa entendre que c'était envisageable et précisa que, dans un premier temps, il fallait vérifier que l'hypothèse concernant les atomes dans un nanomatériau restait valide. Il proposa que, cela acquis, nous tentions de voir si les nanomatériaux se comportaient comme des atomes. Une collaboration s'installa donc, sur ses propres activités. Une fois ses expériences résolues, il m'annonça : « Votre projet est impossible : les nanomatériaux ne peuvent vibrer en cohérence dans le supracristal. » Pourquoi avait-il changé d'avis ? Voulait-il simplement utiliser nos nanomatériaux pour son projet ? Pensait-il réellement que le nôtre était infaisable ? Ou subissait-il la pression de la très puissante Yolande, qui ne voulait pas que ce travail se fasse ? Je n'ai pas de réponse à ces questions.

Florent m'avait donné l'idée de transposer ce qui est observé avec les atomes constituant un nanomatériau aux nanocristaux dans un supracristal. Il m'avait permis de la faire germer. Ses recherches furent donc le point zéro de ce projet. Il était temps de chercher un autre partenaire pour tenter de réaliser cette hypothèse impensable. On peut, d'ailleurs, comprendre la décision de Florent : les cristaux atomiques sont liés entre eux par des liaisons atomiques très fortes, alors que les nanocristaux le sont par des forces très faibles (forces de Van der Waals). L'addition d'un peu d'alcool provoque ainsi la destruction des supracristaux, alors que l'on sait que l'alcool n'a aucun effet sur un cristal atomique.

Proche de la retraite, Jérôme accepta de tenter l'expérience. Peut-être n'aurait-il pas osé, quelques années plus tôt ? Mais il prit ce risque et ce fut une chance pour nous tous. Nous parvînmes à montrer que les nanocristaux vibrent en cohérence dans un supracristal, comme les atomes dans un nanocristal. Or, quand on bouscule les certitudes – ce qui doit pourtant être le but de la recherche –, on suscite l'hostilité ! Ceci explique le comportement de Yolande lorsque Pierre-Marie proposa mon nom pour recevoir un grand prix français. Et, comme on le verra à nouveau avec Gerhart, est-il convenable qu'un chimiste (et, pire, une chimiste) fasse une hypothèse aussi insensée (qui relève de la physique) et arrive à démontrer sa réalité ? Non ! Qu'importe, j'étais arrivée à l'impensable. C'était un rêve qui aboutissait !... Quelle serait, désormais, la prochaine aventure ?

Ce phénomène de vibration est obtenu grâce aux propriétés optiques du supracristal. Nous cherchâmes à le généraliser à tous les assemblages, et notamment aux nanomatériaux magnétiques. Nous tentâmes l'expérience avec Jean-Baptiste et ne trouvâmes pas les résultats escomptés. On vit cependant des oscillations, qui ne pouvaient être attribuées au phénomène attendu. À quoi étaient-elles dues ? Il était hors de question de les laisser sans explication, sous prétexte que ce résultat était imprévu. Jean-Baptiste ne souhaitant pas développer cette approche puisqu'elle sortait de son domaine de recherche, je contactai Giulio, un jeune chercheur italien de l'école polytechnique de Milan. Ensemble, nous réussîmes à montrer que l'assemblage de nanocristaux se comportait de façon identique à des cristaux atomiques soumis à un rayonnement lumineux et déposés sur un substrat.

Avec ces deux résultats, nous prouvâmes qu'il existait des propriétés physiques identiques aux cristaux atomiques et aux supracristaux. Notre aventure se poursuivait au gré des rencontres, des échecs et de notre ténacité à faire avancer notre projet.

La compétition : un frein ou un stabilisateur

La compétition peut aussi gâcher de belles aventures, surtout entre deux fortes personnalités. Barry est un théoricien très enthousiaste et imaginatif, qui dirigeait le département de mathématiques appliquées de Canberra. Jacob, lui, était un expérimentateur particulièrement brillant, professeur à Cambridge. Barry proposa à Jacob de venir dans son laboratoire et d'allier leur expérience pour tenter de mesurer des forces extrêmement faibles (forces de Van der Waals). De nombreux groupes à travers le monde avaient déjà fait des tentatives, qui s'étaient toutes révélées infructueuses. Barry et Jacob décidèrent de reprendre tout de zéro. L'association de ces deux géants permit, enfin, d'effectuer ces mesures. Ils déposèrent ensemble un brevet et commercialisèrent l'équipement qui avait autorisé cet exploit. Mais Barry tomba gravement malade. Et Jacob n'hésita pas à prendre la direction de son institut, allant jusqu'à s'installer dans son bureau. Comme souvent, en sciences ou ailleurs, l'élégance n'était pas de mise. Et voilà comment une belle histoire se transforma en bataille rangée. De son lit d'hôpital, Barry apprit que Jacob avait pris sa place. J'ai la conviction qu'il ne s'est rétabli que pour congédier ce dernier, qui trouva un poste à Santa Barbara, en Californie… La puissance des États-Unis lui permit de prendre la suprématie vis-à-vis de l'Australie. Il se tailla une solide réputation – méritée – pour son travail expérimental, mais il s'empara aussi du travail théorique de Barry. À nouveau, l'éthique s'était « fait la belle ». Pendant un temps, les Américains proposèrent Jacob, sans Barry, pour le Nobel. Puis la communauté internationale s'allia afin que Barry et Jacob soient associés pour cette récompense. Ils furent tous les deux, jusqu'en 2018, sur les listes restreintes du prix. Mais Barry se trouvait à Stockholm dans une réunion organisée en son honneur, lorsqu'il se leva en clamant : « J'ai entendu suffisamment de bêtises pour aujourd'hui, je quitte la salle. » Comment peut-on annihiler ainsi ses chances ? Tout gâcher pour des questions de pouvoir, d'ego surdimensionnés ? J'ai entendu Jacob se comparer à Peter Debye, l'un des plus grands physiciens de notre temps – prix Nobel 1936 –, quand un chercheur a semblé mettre en doute ses résultats !… La mesure de ces faibles forces reste toujours un challenge et peu de laboratoires dans le monde sont capables de réaliser de telles expériences. L'attitude de ces deux grands scientifiques est donc simplement destructrice, incompréhensible, idiote. Jacob vient de mourir, il n'y aura par conséquent pas de Nobel sur la mesure des forces extrêmement faibles.

L'intimidation est, elle aussi, un facteur qui peut soit annihiler, soit stimuler. Récemment, Reid décida d'organiser un colloque du type de celui de Wolfeboro. Mais il était presque uniquement composé du « trio infernal » et de leurs élèves. Leur famille, en fait. Un Allemand et moi-même représentions les seuls Européens qui n'aient pas travaillé avec eux. Le but était de réunir l'ensemble des groupes du « trio infernal ». Sans doute par peur des représailles, tous ces chercheurs nous évitaient et ne nous saluaient pas, alors que les mêmes se montraient charmants, lorsque je les rencontrais loin de cet environnement malsain ! Le courage est vraiment une qualité rare... Face à cet entre-soi irrespirable, mon collègue allemand et moi-même étions un peu perdus.

Les présentations correspondaient à des articles déjà publiés et s'avéraient donc sans grand intérêt pour les échanges scientifiques. Mais je décidai de faire comme si je n'avais pas lu ce qui avait été publié et assistai à toutes les conférences. Leur quantité et leur qualité me perturbèrent ; cette fois, j'en vins à penser que mon « trio infernal », avec quelques associations externes, était arrivé à m'anéantir. J'en perdis le sommeil. Puis, le collègue allemand vint me voir et me dit avoir surpris une conversation entre les organisateurs : d'après lui, ils auraient l'intention de m'empêcher de présenter mon travail en faisant disparaître mes diapositives. Ils connaissaient en effet mes habitudes : avant une conférence, je vérifiais toujours l'ordre de mes diapositives. Comme cette fois elle avait lieu le matin, j'effectuai ce contrôle la veille avec le technicien, qui me proposa de les garder pendant la nuit. Normalement, je les lui aurais laissées mais là, je répondis : « Non, je dors avec ! » Cela me permit de présenter sans le moindre problème mes résultats qui, eux, n'avaient pas été publiés. Le « trio » n'avait pas réussi à me faire changer d'attitude. Il faut dire qu'au centre de recherche où je travaillais, nous disposions de techniques et d'experts que beaucoup de laboratoires pouvaient nous envier. Ce qui laissa le « clan » ahuri : il ne s'attendait pas à de tels résultats. Au point qu'à la fin de ma conférence, Bugsy se leva et s'exclama, avant de poser une question : « C'est un travail remarquable et très innovant ! » Or, quand Bugsy parlait, tout le monde se taisait. Pourquoi était-il intervenu alors qu'il me combattait ? Nul ne le sait. Toujours est-il que ses collègues vinrent tout d'un coup me saluer. Je dois avouer mon mépris pour de tels individus. C'est l'une des raisons pour lesquelles rares sont les scientifiques que j'admets dans ma sphère privée. Mais peu importe : constater que je n'étais pas marginalisée m'a donné encore plus de force et obligée à aller au-delà de moi-même.

À Lausanne, je travaillai avec un Indien, Kalian. L'exercice était complexe car la lumière induisait sur le colorant étudié un effet laser. Nous partagions nos résultats et nos difficultés. Un week-end, je rentrai à Paris et Kalian s'envola, le dimanche, pour les États-Unis. À mon retour, je trouvai sur mon bureau un exemplaire d'un article signé par Kalian et Helmut sur l'étude de ce colorant. Ils l'avaient rédigé sans que je le sache et avaient utilisé mes résultats pour l'article, alors que nous faisions partie du même laboratoire !

Que Kalian, qui avait besoin de faire carrière, se permette cette incivilité, je pouvais le comprendre (et encore !), mais qu'Helmut en fût caution me paraissait invraisemblable. Je travaillais sur ce projet depuis des mois et voilà que tout était perdu ! En larmes, j'appelai ma mère pour lui confier mon désarroi. Je voulais rentrer en France. Ne plus côtoyer de telles personnes. Maman me calma : « Tout cela est sans importance... Ton intérêt est de rester là-bas, alors avance et oublie ce qui s'est passé. »

Comme on l'a vu, Helmut était convaincu que, dans un laboratoire, la convivialité est un frein à la découverte, quand je pense tout l'inverse. Il essayait donc de mettre en compétition ses chercheurs et de provoquer des heurts. Quelle déception de découvrir de telles mesquineries ! Une telle attitude aurait pu me freiner mais, grâce à Maman, j'ai pu dépasser cette épreuve. Elle avait raison : Lausanne fut, pour moi, un booster... Il arrive qu'à vouloir empêcher quelqu'un d'avancer, on le propulse.

Laszlo et moi commençâmes à travailler dans la même salle du laboratoire, chacun sur nos thématiques. L'atmosphère était particulièrement cordiale et nous passions beaucoup de temps à discuter. Laszlo me proposa de travailler avec lui sur une nouvelle thématique, sans abandonner celles qui étaient en cours. Pas de compétition, mais une belle collaboration : quelle chance pour moi ! Évidemment, j'acceptai. Mais ne disposant pas de la même liberté d'action que lui, je lui demandai d'en parler à Helmut. Laszlo, toujours réactif, quitta le laboratoire pour aller le voir. Et il ne revint pas. Étonnée, je demandai, les jours suivants, si quelqu'un l'avait vu. Seul un collègue l'avait aperçu sortant, furieux, du bureau d'Helmut. J'attendis encore quelques jours, puis allai dire à Helmut que Laszlo souhaitait que l'on travaille ensemble. Il me répondit que ce dernier était très en colère contre moi car je ne lui avais pas fourni des informations. Je tombai de ma chaise et rétorquai : « C'est faux ! Je veux que Laszlo le répète devant moi ! » Très mal à l'aise, Helmut me demanda de ne pas lui en parler. À l'évidence, c'était faux.

Voilà un exemple de compétition inutile et destructrice, entre Laszlo et Helmut. Cette réaction instinctive était d'autant plus incohérente que Laszlo et moi étions dans son laboratoire. Il aurait donc été automatiquement associé au travail que nous aurions pu réaliser.

Depuis peu, je développe un système, toujours lié aux assemblages de nanomatériaux, qui pourrait avoir une grande importance dans le domaine de la santé. Je cherche donc des interlocuteurs pour démontrer l'importance de ces assemblages. Un collègue me dit que Noël pourrait y apporter une contribution importante. Il avait quitté le laboratoire de José, un scientifique excellent mais vieillissant, qui n'acceptait pas son succès.

Ce dernier me conseille de ne surtout pas travailler avec Noël, qui n'est pas au niveau ! Le « trio infernal » m'ayant déjà échaudé, je redoute ce type de conflits. Lors d'un déjeuner, Pierre-Marie me confirme que Noël est un excellent chercheur et que José ne veut simplement pas voir avancer quiconque sur ses thématiques. Bel exemple de compétition entre un chercheur qui refuse de voir qui que ce soit le remplacer, et un plus jeune, brillant, qu'il présente comme un parasite. Qui sait ? Toujours est-il que nous étions loin de la science. Une telle compétition est un terrible frein à notre magnifique entreprise, qui ne cherche qu'à faire avancer le savoir.

Des aventures fantastiques peuvent aussi être entravées, non pas par la compétition, mais par des incivilités. Qu'arrive-t-il lorsqu'un de vos collègues publie votre travail parce que vous lui avez fait confiance ? Si l'on reprend l'histoire d'Hallami, que nous avons évoquée plus haut, celui-ci s'est s'effondré quand on lui a « volé » son Lego. Il a peu à peu perdu tout contact avec la vie réelle et s'est enfoncé dans une dépression. Comme la société, les chercheurs sont sans concession avec les gens déboussolés. Cet homme brillant se trouva un jour face à Jules, un technicien qui cherchait à se moquer de lui. Inconcevable, mais vrai… Jules lui dit qu'en soufflant dans un tube, il parvenait à allumer une petite ampoule qui était liée à deux fils électriques. On sait tous que, s'il n'y a pas de source d'énergie, aucune ampoule ne peut être allumée. Hallami lui répondit donc que c'était une ineptie. Mais Jules, pour lui prouver qu'il avait raison, débarqua dans son bureau avec son tube, une ampoule et des fils, qu'il avait connectés à une petite batterie mise dans la bouche. Jules souffla et l'ampoule s'alluma. Hallami en resta abasourdi et n'eut pas la présence d'esprit de lui demander d'ouvrir la bouche.

Sur ce, Jules quitta la pièce et alla faire le tour du laboratoire pour raconter qu'Hallami, le brillant physicien, ne connaissait plus les lois fondamentales de la physique ! Bien qu'il fût à l'origine d'une magnifique découverte, l'homme était à terre… Jules envoya alors quelqu'un dans le bureau d'Hallami : celui-ci, toujours assis face au tube, à l'ampoule et aux fils, expliqua à son visiteur qu'il n'arrivait pas à comprendre comment l'ampoule avait pu s'allumer ! L'histoire se répandit et mit tout l'institut en joie. Mais comment Hallami pouvait-il passer pour un inculte ? Il ne l'était pas, bien sûr. C'était juste un passionné, qui avait été broyé par une incivilité. Les scientifiques ne sont pas plus beaux, ni plus généreux que le reste de l'humanité !

Quelques cadeaux !

Des joies peuvent émerger d'un acte de malveillance, engendré par la compétition. Surtout quand le hasard s'en mêle.

Quand un acte malveillant se transforme en cadeau !

L'une des façons de freiner un concurrent est de bloquer la publication d'un article. Mais il arrive que cette attitude se retourne contre ces imposteurs. Cette aventure nous est arrivée.

Avec Giulio et son groupe nous avions découvert un « nanoréacteur universel ». Ils souhaitaient publier ce travail dans un journal à fort impact. Cependant, je trouvais qu'il méritait bien mieux. J'en informai Giulio qui insista pour maintenir le choix du journal. Je me rangeai à leur décision. Nous envoyons donc à l'éditeur en chef d'un journal, choisi par Giulio, notre article. Ce dernier le transfère à une éditrice associée, en charge de suivre la publication. Il se trouve qu'elle est la femme d'un ancien étudiant du « trio infernal ». Et, comme souvent aux États-Unis, ses élèves forment un genre de famille très solidaire, allant jusqu'à épouser les acrimonies de leurs professeurs. L'éditrice décide donc de rejeter l'article, sans même le faire évaluer par des rapporteurs. Nous le faisons parvenir à un autre journal, plus prestigieux, qui l'accepte aussitôt. Et voilà comment une charmante dame qui souhaitait nous pénaliser nous a finalement fait un très beau cadeau ! Je devrais la remercier – j'avoue que j'en ai grande envie –, mais ce serait attiser les rancœurs et cela ne fait pas progresser. Il faut savoir être raisonnable !

On a déjà vu que, dans une compétition, tout est permis pour déstabiliser le concurrent. Mon « trio infernal » ne s'en est pas privé. J'étais invitée à un congrès à San Francisco, réunissant des centaines de participants. Mais je devais rentrer rapidement en France afin d'aider Nahim, l'un de mes étudiants, à préparer son audition pour un poste de chercheur. J'avais réservé un vol en fin de journée, juste après ma présentation. Comme plusieurs conférences se déroulaient en parallèle, les organisateurs avaient fait en sorte que toutes celles dédiées aux nanotechnologies aient lieu dans des salles voisines, afin de pouvoir passer facilement de l'une à l'autre. En lisant le programme, j'appris que Stephen et moi parlerions dans la même salle et que ma présentation était prévue juste avant la sienne. Reid, lui, donnerait une conférence en même temps que moi, dans une salle non loin. Tout ceci me convenait, mais quelle ne fut pas ma surprise, en arrivant à San Francisco, de découvrir que Stephen avait pris ma place. Pour ne pas être mis en concurrence, Reid et lui avaient demandé aux organisateurs que leurs conférences aient lieu à la même heure. Les auditeurs qui assistaient à la présentation de Stephen ne pourraient donc pas connaître les propos de Reid, et vice versa. Ainsi, pas de compétition entre eux. Les organisateurs s'étaient exécutés sans même me prévenir. Et j'avais beau les chercher, ils restaient introuvables. Or, je devais filer après mon exposé pour prendre mon avion… Tout cela n'était pas normal.

Il se trouve qu'Arth, un ami américain, me proposa de déjeuner avec lui et quelques autres collègues. J'en profitai pour lui expliquer mon souci. Nous cherchâmes à nouveau l'un des organisateurs, en vain. Arth me lança donc : « Viens déjeuner et on verra ça juste avant ta conférence ! » Parmi les collègues qui étaient avec nous, l'un d'eux me demanda : « Comment réagissez-vous quand vous êtes déstabilisée ? » Je compris immédiatement qu'il y avait un problème. Comme dirait une certaine grand-mère : « Quand c'est flou, il y a un loup. » En revenant de notre déjeuner, je tombai sur Stephen à qui je dis : « Le programme que j'ai reçu n'est pas celui qui est publié. Or, j'ai un avion à prendre, il faut donc que tu acceptes de maintenir le programme qui m'a été envoyé. » Il donna son accord du bout des lèvres et je dénichai, enfin, l'un des organisateurs qui sembla très embarrassé. Il me soutint qu'Air France n'étant jamais à l'heure, je pouvais arriver en retard à l'aéroport. Je refusai une telle allégation. Comme Stephen avait donné son accord et que l'organisateur ne s'y était pas opposé, je pensais que tout était réglé. C'était sans compter sur Reid, qui ne voulait pas que les auditeurs puissent l'écouter, avant de se rendre à la conférence de Stephen. Ce que je ne comprenais pas : pourquoi ne pas présenter leurs travaux l'un après l'autre ? Peut-être pour qu'on ne découvre pas que Reid copiait Stephen, et vice versa ? Il est vrai qu'il était souvent difficile de les différencier…

Reid avait acquis beaucoup de puissance. En 2000, grâce à son beau-père, Bill Clinton lui avait confié la charge de proposer un programme prioritaire sur les nanotechnologies. Donc, quand Reid prenait une décision, tout le monde obéissait… Je déposai mes diapositives sur le projecteur juste avant la première conférence et restai à proximité. Cinq minutes avant ma présentation, l'un des organisateurs vint vers moi et déclara : « Votre temps de parole est diminué de moitié. » Je devais donc présenter en quinze minutes une conférence préparée pour trente, sans avoir la possibilité de changer les diapositives ! Cela me rendit furieuse. C'était une manière de me déconcentrer, de me décrédibiliser et de me déstabiliser. Je n'oubliai pas de complimenter l'organisateur pour son grand professionnalisme ! Il me répondit : « Je ne peux pas faire autrement. » Mis au courant, le président de séance annonça que j'avais un problème de temps et que mon exposé ne serait que de quinze minutes. J'entrai dans une colère noire et affirmai que c'étaient les organisateurs qui avaient un problème, pas moi. La salle comprit immédiatement que les deux du « trio infernal » avaient fait affaire contre moi. Cela plomba l'atmosphère : on entendait les mouches voler dans cette immense pièce. Je parvins, en sautant quelques diapositives, à faire ma conférence dans le temps imparti. Exercice pas banal. Le public, médusé, constata que non seulement j'étais capable de délivrer un message dans un contexte de grand stress, mais que je savais aussi respecter les règles imposées. Une fois de plus, mon « trio » m'avait fait le plus grand bien ! Et, pour finir, comme je n'ignorais pas que Stephen utilisait des transparents et que nous étions sur les mêmes thématiques, je laissai allumée ma dernière diapositive, que je savais plus belle que celle qu'il allait présenter. Stephen prit donc ma place et projeta, en effet, une image sur le même sujet que le mien, mais beaucoup moins précise. Il se vit donc contraint, devant l'ensemble de nos collègues, de dire : « Ce n'est pas aussi beau, mais on peut faire quelque chose avec… » Sacrée récompense que de l'obliger à avouer que notre travail était bon et notre Lego plus beau que le sien ! Mais l'on se croirait dans une cour d'école ! Et que tout cela est difficile à gérer… Une fois assise dans l'avion, je demandai un cognac !

De cette épopée, je suis sortie grandie. Ma colère, qui était réelle, a marqué les esprits. J'ai su à l'improviste relever le défi, prouver que je dominais parfaitement mon sujet et terminer en montrant que nous n'étions, au moins, pas plus mauvais que le trio. Mais quelle montée d'adrénaline !

Les joies de la compétition contre soi-même

La compétition contre soi-même est la plus intense de toutes. Dénuée d'agressivité, elle repose sur la peur de ne pas trouver ce dont on rêve. Mais, lorsqu'on se rend compte que l'on avance, toujours à tâtons, elle peut devenir un vrai moment de bonheur, comme si l'on retombait en enfance. Découvrir donne un élan fantastique.

Les quelques exemples qui suivent vont peut-être sembler négligeables, insignifiants, mais constituent, pour les scientifiques concernés, des instants d'une fabuleuse intensité.

Clara et Wei étaient deux étudiantes qui fabriquaient, de deux manières différentes, les mêmes nanocristaux. Toutes leurs caractéristiques – leur taille, leur traitement de surface et leur dispersion dans un solvant – étaient identiques. Néanmoins, quand on déposait ces nanocristaux sur un support, nous constations que la distance entre eux était différente. Jusqu'alors, nous pensions que cette distance était contrôlée par le traitement de surface. Or, ce n'était pas une erreur expérimentale car ces expériences étaient reproductibles. Nous étions donc face à un mystère. Pourquoi une telle différence de distance entre nanocristaux ? Nous reprîmes étape par étape les expériences. Tout d'un coup, une idée surgit : l'une des séries était fabriquée en présence de traces d'eau, alors que l'autre n'en contenait pas. Était-ce l'eau qui était responsable de cette divergence ?

Nous nous retrouvâmes toutes les trois au-dessus du microscope électronique pour tester cette idée. Nous vîmes alors, en ajoutant de l'eau, changer peu à peu la distance entre les nanocristaux : quel moment de bonheur ! Pour un néophyte, cela paraît peut-être totalement idiot : comment peut-on être si heureux pour un résultat aussi banal ? Nous avions simplement compris pourquoi des échantillons, bien que semblables, pouvaient se comporter différemment. Mais ce qui est encore plus beau, c'est qu'il ne nous fallut que quelques minutes pour expliquer ce phénomène alors que, d'habitude, la recherche est un temps long et que plusieurs années sont parfois nécessaires pour comprendre l'incompréhensible...

À la lecture d'un livre sur les gemmes, j'apprenais que l'opale est constituée par des assemblages de billes de silice selon un réseau cristallin. Dans ce cas, les atomes d'un cristal sont remplacés par les billes. De plus, les différentes couleurs de l'opale sont dues à un changement de taille des billes. Par analogie à l'opale, nous avons fait l'hypothèse que des propriétés spécifiques pourraient émerger de l'assemblage de nanocristaux. En effet, les propriétés physiques et chimiques de ces assemblages ne sont ni celles du nanocristal isolé ni celles du même matériau à l'état massif. Elles sont dues à des effets collectifs : chaque nanocristal voit ses voisins, et ses propriétés en sont modifiées. Une fois que ces propriétés sont observées il semble raisonnable de penser que chaque nanocristal influence ses voisins. Ceci est une évidence une fois que cela a été démontré. Notre position était très difficile. Nous nous situions entre les personnes qui estimaient que ces résultats étaient évidents et les chercheurs hautement spécialisés dans les différents domaines étudiés (magnétisme, optique, etc.) qui se montraient très exigeants sur les résultats obtenus. Chaque étape était une compétition sur soi-même.

On n'attend rien et l'on découvre l'impensable

Depuis une dizaine d'années, je travaille avec Giulio et son groupe. Ensemble, nous apportons, plus ou moins tous les trois ans, une contribution importante. C'est donc une collaboration fructueuse. Nos deux groupes ont des spécialités très différentes, et aucun de nous ne peut faire ce travail sans l'autre. Il n'y a donc pas de compétition entre nous. Nous profitons simplement de l'opportunité de réaliser des études dont peu sont capables. Nous avons, bien sûr, envie de continuer à travailler ensemble, à apprendre les uns des autres. Nous nous sommes lancés dans une étude sans hypothèse préalable – le système était nouveau et nous n'avions aucune idée du type d'informations que nous pourrions trouver – et nous nous sommes livrés à une série d'expériences de routine. Ce qui n'était pas le cas lors de nos précédentes collaborations, où nous cherchions soit à lever une controverse, soit à expliquer l'existence de résultats incompris. À notre grande stupéfaction, nous observâmes un phénomène tout à fait inattendu. À la vue des résultats, je me rendis plusieurs fois à Milan pour en discuter. Ce fut à nouveau un immense moment de bonheur. Nous ne savions pas expliquer ce phénomène, mais il existait et nous avions conscience qu'il était important. Nous ne l'avions jamais obtenu dans les systèmes précédents, alors qu'il y avait entre eux de grandes similitudes. Nous nous retrouvâmes dans une salle de réunion. Chacun apportait quelque chose – bonbons, boissons ou gâteaux – comme pour un goûter d'enfants. Car nous avions besoin de force pour réfléchir, faire et défaire nos hypothèses face à ces résultats incompréhensibles. Nous étions perdus dans un labyrinthe de la science, dont nous cherchions la sortie. Et nous finîmes par arriver à la magnifique conclusion selon laquelle ces assemblages, très différents les uns des autres, se comportaient comme des « nanoradiateurs » à l'échelle du nanomètre. Ce moment d'échange, très convivial, aboutit à un résultat concret et important. C'est notre plus belle contribution. Nous poursuivons cette étude à la recherche de « nanoradiateurs » plus efficaces, mais la Covid-19 a rompu cette complicité et ces moments d'harmonie. Enfin, j'espère que ce n'est qu'un mauvais moment à passer.

L'intérêt des résultats négatifs

En recherche, comme partout, on ne gagne pas toujours. Il arrive qu'on fasse une hypothèse qui est logique mais qui, au bout du compte, se révèle fausse. Dans ce cas, plusieurs réactions sont possibles : on peut ignorer le résultat et poursuivre son ronronnement. C'est ce que j'appelle « mettre le résultat sous le tapis ». On peut aussi mentionner le phénomène sans l'expliquer et dire qu'il n'est pas compréhensible en l'état. Ou, enfin, tenter de comprendre pourquoi cela ne fonctionne pas. Ce qui peut soit engendrer une déviation des recherches premières sans grand apport, soit ouvrir la porte à de nouvelles pistes. Et si l'on est vigilant et qu'on a de la chance, on réalise une première scientifique.

Imaginez que l'on prenne deux sacs de billes, dont les tailles sont différentes. L'un ne contient que des petites et l'autre que des grosses. Si l'on mélange les deux sacs, les petites devraient s'insérer dans les interstices des grosses. Hua et Nick, deux chercheurs du laboratoire, supposaient que les nanomatériaux se comportent comme les billes. Lors d'une réunion, nous conclûmes que de tels assemblages pourraient présenter des propriétés intrinsèques. Mais, dans un premier temps, il fallait produire ces assemblages. Hua et Nick se proposèrent pour les fabriquer. Il ne s'agissait que de reproduire une expérience déjà réalisée par d'autres. Dès la fin de la réunion, Hua et Nick s'y attelèrent. Certains les suivaient au microscope pour observer le résultat. Et quel étonnement ! On ne vit pas ce qui avait été décrit auparavant, mais un assemblage inconnu… Au lieu d'oublier cet essai fait « sur le pouce » et de repartir chacun de son côté vers ses expériences en cours, nos deux chercheurs décidèrent d'aller plus loin. Et revinrent avec des étoiles dans les yeux et un seul mot à la bouche : « Magnifique ! » Abandonnant aussitôt ce que nous étions en train de faire, nous nous retrouvâmes tous dans la salle de réunion pour partager leurs observations. Et c'était effectivement superbe ! Nous découvrîmes les petits nanocristaux assemblés entre eux et déposés sur un « lit » de gros nanocristaux, eux-mêmes autoassemblés. Parmi nous, Mohamed, qui avait étudié les propriétés de surface de matériaux atomiques, dit *mezza voce* que ces assemblages ressemblaient à ceux observés pour des surfaces atomiques ayant subi une coupure latérale. Et ajouta : « C'est impossible car ces systèmes sont très instables, ce qui n'est pas le cas ici. » Cette remarque fut prise au sérieux. La similitude était en effet impressionnante… Et si c'étaient les mêmes ? Et si l'on observait une nouvelle analogie entre un cristal atomique et un cristal de nanomatériaux ? Hua et Nick cherchèrent dans la littérature ce qui avait été fait avec les cristaux atomiques. Et oui, ils furent très heureux de démontrer que l'ordre des atomes dans un matériau massif et celui des nanocristaux sont identiques, mais à une autre échelle. Cette recherche nous avait obligés à appréhender une science qui nous était totalement inconnue. Nous avions montré une nouvelle analogie, mais n'avions pas trouvé des propriétés intrinsèques, ce qui était notre projet initial.

Nous nous demandâmes aussitôt pourquoi nous avions obtenu ces résultats, quand d'autres n'y étaient pas parvenus. En réalité, Hua et Nick s'étaient trompés sur les conditions expérimentales. Voilà comment la chance est au rendez-vous, à condition de rester vigilant. Il nous a, en effet, fallu appréhender une nouvelle discipline pour comprendre les résultats. Mais nous avons passé tous ensemble des moments d'exception... C'est un exemple de résultat majeur qui n'aurait jamais pu être observé si l'on avait laissé « sous le tapis » un résultat apparemment négatif. Et le bonheur dure quand vous expliquez cette première à vos collègues et que vous voyez leurs yeux s'arrondir. D'autant qu'on se garde bien de dire, sauf si quelqu'un le demande, que tout ceci est dû à une erreur de concentration des nanocristaux lors du mélange !

Habituellement, les films de nanocristaux ordonnés selon un réseau cristallin sont très homogènes mais, dans un cas, nous notâmes des « trous », structurés comme un cristal. Nous envoyâmes un article, en mentionnant simplement la présence de ces trous. Tout en acceptant l'article, l'un des rapporteurs nous alerta sur la morphologie du film, qui n'était pas anodine. Il suggéra de poursuivre cette étude afin de mieux comprendre la raison de ces trous. Voilà une critique constructive ! Nous sautâmes sur l'idée et, en étudiant leur structure, nous démontrâmes que ces trous dans les assemblages sont des supracristaux négatifs – autrement dit des cristaux dans lesquels on inclut des lacunes, dont les contours indiquent la forme initiale du cristal. Et c'est exactement ce que l'on observe dans les cristaux atomiques. Dans la Nature, les cristaux négatifs sont dus à des « bulles » de gaz ou de liquide figées dans le cristal, qui sont des éléments majeurs dans l'évaluation des pierres précieuses. Leur présence les déprécie… Et hop ! Voilà une nouvelle analogie entre supracristaux et cristaux atomiques.

Denise, Nickos et Jean-Bernard réalisaient des expériences avec des composés très voisins les uns des autres. Sans raison apparente, les résultats obtenus par Denise étaient pourtant différents de ceux de Nickos et Jean-Bernard. Au lieu d'obtenir des nanocristaux sphériques, elle observait des particules allongées ayant des propriétés différentes. Je leur proposai de publier ce résultat et d'expliquer que l'on ne connaissait pas la cause de ces particules allongées. Mais ils avaient du mal à assumer la publication d'un résultat négatif. Après de longues discussions, ils acceptèrent, à condition que l'on y ajoute les résultats positifs. J'aurais voulu ne me concentrer que sur les négatifs, qui étaient les plus intéressants, mais Denise insista pour que figurent aussi les autres. Comme c'était leur travail, je me soumis à leur demande et nous envoyâmes l'article tel qu'ils le souhaitaient à un journal à fort impact. Le retour des rapporteurs fut clair : « Se concentrer sur les résultats négatifs » leur paraissait le plus intéressant ! Les trois chercheurs eurent beau en être furieux et ne pas comprendre, ils s'inclinèrent devant le prestige du journal. Quelques années plus tard, un autre groupe parvint à expliquer la raison de la formation de ces nanocristaux allongés.

Nous tentions de modifier chimiquement des enzymes en utilisant des gouttelettes d'eau dans de l'huile, afin de montrer que ces enzymes modifiées peuvent induire une association de gouttelettes entre elles. Ce phénomène de percolation existait déjà avec une protéine et nous fîmes l'hypothèse qu'il était général. Deux étudiants, Sabine et Franc, acceptèrent de travailler ensemble sur ce sujet délicat, original et inédit. Il est extrêmement rare que des étudiants – dont le nombre d'années de thèse est limité à trois ans – acceptent de courir un tel risque. Ils préfèrent ne pas sortir des sentiers battus. Après plus de deux ans d'expériences longues et difficiles, Sabine et Franc parvinrent à modifier les différentes enzymes. Mais ceci n'était que la première étape du projet. Une fois cet objectif réalisé, nous constatâmes que le phénomène recherché n'existait pas. Patatras, c'était la consternation ! Sabine et Franc pensaient qu'ils pourraient soutenir leur thèse, mais ce projet si ambitieux tombait à l'eau. J'essayai de leur dire qu'avoir atteint cette première étape était déjà très important. Cela s'avéra d'ailleurs utile à de nombreux biologistes. Mais ils ne m'écoutèrent pas. Ils n'avaient pas fait tous ces efforts pour ne pas atteindre le résultat final.

En fait, ce que j'aime en science, c'est poser une hypothèse qui semble sérieuse et probablement inatteignable. Si l'on gagne, on est fou de joie. Si cela ne fonctionne pas, ce n'est pas grave puisque l'on a tenté l'impossible. Mais il est très difficile de transmettre cela à un étudiant. Je n'aurais jamais dû leur proposer la totalité du projet, mais procéder par étapes. Ils auraient été moins déçus. Il me semble, néanmoins, qu'un scientifique doit être capable de faire face à l'échec. Mais peut-être étaient-ils trop jeunes pour affronter cette désillusion ? Par la suite, je me suis interdit de dire à ceux qui travaillent avec moi jusqu'où je comptais aller.

Fabienne et Franc rédigèrent leur thèse mais, pensant la cause perdue, négligèrent les articles correspondants. Je décidai pourtant de proposer deux articles. Sans réelle conviction, ils me donnèrent leur accord. Nous les envoyâmes dans un journal de bon niveau qui, après des rapports très favorables, les publia. Nous avons sans doute, ainsi, permis à d'autres de ne pas s'égarer. Mais ce n'est pas toujours le cas : certains journaux scientifiques à fort impact n'acceptent plus que des résultats positifs, sauf si les résultats sont spectaculaires et conduisent à des premières scientifiques. Les divergences d'une étude à l'autre deviennent de moins en moins discutées. Les autres résultats négatifs sont considérés comme inutiles et pourtant ils évitent à des collègues de s'enferrer dans des thématiques qui ne fonctionnent pas. D'autant qu'à terme il est parfois possible de comprendre les raisons de ces échecs. Comme dans la vie quotidienne, l'individualisme s'installe dans la vie scientifique. C'est, selon moi, un détournement de la science vers le business. Je persiste à penser qu'un résultat négatif doit être pris en compte. On n'a plus le droit de se tromper – d'où l'apparition d'articles entachés d'erreurs ou tout simplement faux.

Quand la Nature nous montre le chemin

Mes connaissances étant limitées et comme ce n'est pas non plus le propos de ce livre, je n'en donnerai que quelques exemples, mais les résultats dictés par la Nature ont souvent amené à des découvertes utiles à l'Humanité ou à comprendre des effets, naturels ou non, rencontrés dans la vie quotidienne. Mais, d'abord, posons-nous quelques questions :

L'Humanité peut-elle résoudre ses problèmes d'énergie ?

Sur le principe, elle a suffisamment d'énergie pour vivre. Le Soleil émet, en effet, 120 000 térawatts alors qu'elle n'en a besoin que de 5.

La vie sur notre planète est liée à la photosynthèse. En quelques mots, une fraction de la lumière solaire, grâce aux centres réactionnels contenant de la chlorophylle, est partiellement absorbée par les feuilles. Elle induit, d'une part, la fabrication de substances organiques fondamentales à partir de l'eau et des sels minéraux et, d'autre part, la dissociation de l'eau en dihydrogène et dioxygène. La photosynthèse permet également la transformation du dioxyde de carbone atmosphérique en molécules organiques et en dioxygène indispensables à la vie. Tous ces processus sont basés sur des concepts simples : le transfert de charges, d'énergie et le stockage de l'énergie à travers et par les nanostructures qui existent dans les feuilles. Cependant, bien que ces transferts soient efficaces, le rendement de stockage est extrêmement faible (environ 3 %). Vu le grand nombre d'éléments contenant de la chlorophylle dans la Nature, et, par voie de conséquence, l'importance des surfaces disponibles pour absorber l'énergie solaire, les faibles rendements ne posent pas de problème, à condition que l'homme n'en abuse pas. Il a ainsi pu traverser les siècles grâce à la photosynthèse, en dépit du fait que les rendements de production d'hydrogène, d'oxygène et sa capacité à recycler le gaz carbonique soient très faibles. Ces processus de photosynthèse sont si complexes et si diversifiés qu'ils ont permis à quinze chercheurs d'être honorés par le Nobel.

Depuis quarante ans – des premiers chocs pétroliers à nos jours –, les scientifiques tentent d'utiliser les mêmes concepts que ceux que la Nature nous enseigne. Les résultats de la photodissociation de l'eau ont conduit à des rendements de stockage d'énergie encore très faibles (10 %). Une autre approche, toujours liée aux concepts de la photosynthèse, est la cellule photovoltaïque dans laquelle un transfert d'électrons à travers des nanostructures permet de transformer l'énergie lumineuse en énergie électrique.

Dans ce dernier cas, à l'inverse de la photosynthèse, toute l'énergie solaire peut être récupérée, ce qui est un avantage considérable. Ces cellules photovoltaïques utilisent des matériaux à base de silicium, l'élément le plus abondant de la croûte terrestre. Cependant, pour obtenir la nano-structuration, d'autres matériaux rares, dits dopants, s'avèrent nécessaires et malheureusement en voie de disparition. Les rendements obtenus par l'homme sont, eux, très élevés. Le photovoltaïque a un rendement estimé à 30 %. Les cellules photovoltaïques ont tout de même quelques désavantages, liés à leur surface très limitée et à leur extrême fragilité. De plus, la raréfaction des produits dopants actuellement utilisés induit une recherche intensive de composants de substitution.

Le développement du photovoltaïque a permis l'élaboration de « Solar Impulse », l'avion qui a parcouru le monde grâce à la seule énergie solaire. Pour y parvenir, il a fallu recouvrir l'engin de 17 248 cellules photovoltaïques, fabriquées avec des monocristaux de silicium. Durant le jour, l'avion charge ses batteries et, la nuit, il vole pour libérer l'énergie, ce qui permet aux batteries d'être rechargées le lendemain. Voilà un bel exemple de l'apport de la recherche fondamentale à l'application. Ainsi, avec un peu de chance, beaucoup de patience, de travail et, bien sûr, un soutien financier, tous nos avions pourront peut-être dans plusieurs décennies voler à l'énergie solaire.

Comment l'opale nous conduit-elle aux métamatériaux ?

L'opale et les métamatériaux sont basés sur le concept de l'assemblage périodique d'éléments. L'opale est un cristal constitué de microparticules de silice assemblées selon un réseau cristallin, qu'on trouve dans la Nature, alors que les métamatériaux sont inventés par l'homme et existent à différentes échelles (de quelques nanomètres à des kilomètres). Les différences de couleur de l'opale sont liées à la taille des microparticules assemblées. C'est donc la dimension des microparticules de silice ordonnées qui conduit aux changements de couleur. Chaque assemblage de billes de taille donnée produit une couleur spécifique. On dit que c'est un « cristal photonique ». Si l'assemblage des billes est désordonné, l'opale perd ces multitudes de couleurs et devient opalescente. Une équipe japonaise a récemment démontré que des météorites, fabriquées il y a probablement 5 milliards d'années, sont constituées de *micro*matériaux d'oxyde de fer (et non de *nano*matériaux) auto-assemblés en réseau cristallin. Nous au laboratoire, ainsi que quelques autres groupes, avons fabriqué des cristaux de *nano*matériaux, tout comme l'opale et les météorites, et ainsi montré qu'il existe des propriétés spécifiques liées à l'ordre de ces assemblages. Il y en a sûrement beaucoup d'autres à découvrir.

Le concept des métamatériaux est de perturber une onde par la présence d'obstacles assemblés de façon périodique. Pour une onde de fréquence donnée, seule la position – et non la composition des obstacles – est importante. Ils peuvent donc être toutes sortes de matériaux ; assemblés de façon périodique, ils sont placés à des distances bien déterminées – le nanomètre, le micromètre, le mètre ou le kilomètre. Si une onde se propage et rencontre un obstacle, elle sera perturbée. L'onde diffusée par cet obstacle sera à nouveau perturbée par la présence d'autres, situés à la même distance. Ce qui va totalement « dérégler » la propagation de l'onde initiale et induire des propriétés inattendues. C'est ainsi que les premiers tests ont permis de fabriquer des « super » lentilles de vue. En effet, l'onde propagée est à l'origine de l'apparition de l'indice de réfraction spécifique. De même, des expériences sont en cours pour tenter de démontrer qu'en plaçant à des kilomètres les unes des autres des colonnes de béton, il serait possible de limiter les ondes sismiques et de prévenir les dégâts dus aux tremblements de terre. Grâce ce concept, les scientifiques, en fixant correctement la position des obstacles, pourraient être en mesure de protéger des centrales nucléaires du type de Fukushima. Des prototypes sont en train d'être élaborés. Ces métamatériaux sont des réalisations faites par l'homme et n'existent pas dans la Nature. Elles ne dépendent pas des propriétés physiques des matériaux utilisés. Le matériau joue le rôle d'obstacle à des ondes dont les fréquences dépendent de l'utilisation : ainsi, pour des ondes sismiques, les fréquences utilisées seront celles qui se propageront lors d'un tremblement de terre alors que, pour des lentilles oculaires, ce seront celles utilisées pour la fabrication des lunettes. Les éléments impliqués dans les métamatériaux sont des métaux, des semi-conducteurs, du béton, etc. Voilà à nouveau un progrès fantastique, lié à la recherche fondamentale, qui devrait, dans quelques décennies, prémunir l'homme des dangers de la Nature et améliorer ses conditions de vie.

Pourquoi certains matériaux se dégradent-ils au soleil, et d'autres non ?

Nous savons tous que si l'on expose une étoffe au soleil, elle se décolore, tandis que les vitraux de nos cathédrales, les peintures mayas ou encore des poteries du XVIe siècle n'ont pas changé de couleur au cours des siècles. Pour quelle raison ?

La réponse est simple : les couleurs des étoffes sont dues à la présence de colorants organiques, composés principalement de carbone, oxygène et hydrogène, liés entre eux par des liaisons relativement fortes. Ces colorants absorbent la lumière qui, en présence de l'oxygène de l'air, détruit la molécule. Les vitraux, les peintures, les poteries sont, eux, des matériaux inorganiques – or, argent, oxyde de fer, semi-conducteurs – qui sont stables vis-à-vis de la lumière. Les différences de couleur sont dues à la taille (de l'ordre du micromètre) et à la forme de ces matériaux. Ce n'est qu'à la fin du siècle dernier que les scientifiques ont découvert ces changements de couleur des matériaux inorganiques. Les atomes de surface contrôlent, en effet, les propriétés du matériau, quand les atomes de cœur en sont spectateurs.

Lorsqu'on diminue la taille d'un matériau, on augmente le nombre d'atomes de surface et l'on diminue le nombre d'atomes de cœur. L'une des propriétés liées à cette augmentation relative des atomes de surface est la lumière.

Pourquoi certains oiseaux, comme certaines bactéries, se déplacent en bande sans raison apparente ?

Dans le bec de nombreux oiseaux, se trouve un nanomatériau magnétique de forme très allongée qui leur permet d'être sensibles à l'attraction terrestre et à l'interaction entre nanoparticules. En raison de leurs propriétés magnétiques, ces nanocristaux allongés ont tendance à s'aligner. S'il est amusant et magique de voir des colonies d'oiseaux qui volent à la même vitesse et dans la même direction, ceci est dû à la présence de ces microparticules allongées dans leur bec qui s'attirent les unes les autres, comme des trombones soumis à un aimant. Un modèle théorique très récent semble indiquer que la lumière du Soleil aurait un effet sur l'orientation de ces oiseaux mais, à ma connaissance, rien n'a été encore développé.

Dans beaucoup de rivières, on peut observer des bactéries magnétiques, appelées bactéries magnétostatiques, qui sont des microorganismes capables de se déplacer le long d'un champ magnétique. Elles sont constituées des micro-matériaux d'oxyde de fer, les magnétosomes, semblables à ceux trouvés dans les météorites. La seule différence est leur assemblage. Les premiers s'alignent comme les oiseaux, alors que les seconds forment des cristaux de microparticules. À ce jour, nous connaissons encore mal le mécanisme de formation de ces microparticules allongées ou cubiques, en milieu biologique. En laboratoire, nous savons les fabriquer, mais les conditions de synthèse sont telles qu'elles détruisent les milieux biologiques. La Nature fait si bien les choses que le chercheur reste incapable de reproduire ce qu'elle fabrique depuis des milliards d'années.

Quid de ces craquelures que l'on voit partout ?

Les craquelures se trouvent dans notre quotidien : on peut en observer si on laisse se dessécher un filtre à café, mais aussi sur des tableaux, dans un jardin ou encore une pièce qui a subi un dégât des eaux. Ce phénomène est dû à un processus de séchage. Lorsqu'on considère bien une craquelure, on observe que sa surface dépend de son épaisseur : plus la surface est grande, plus l'épaisseur du film craquelé est importante. Nous avons vu qu'un phénomène identique se produit quand on fabrique un film de nanocristaux. Ceci est mesuré à différentes échelles (de quelques dizaines de nanomètres au centimètre). L'observation des craquelures des sols semble indiquer des phénomènes semblables. Voici encore un nouveau concept.

Pourquoi les cristallographes ont-ils eu du mal à accepter les conclusions d'un chercheur, alors que la Nature leur montrait le chemin ?

Je ne sais si la Nature a inspiré Dan Shechtman, prix Nobel de chimie 2011, ou s'il a découvert de façon fortuite les quasi-cristaux atomiques. Toujours est-il que, pendant plus de deux cents ans, le concept d'un cristal atomique était celui d'un même motif périodique, à trois dimensions, reproduit à l'infini. En 1982, Shechtman découvrit pourtant qu'il existe des cristaux atomiques sans périodicité tridimensionnelle, qu'il appelle « quasi-cristaux ». Ces structures sont semblables à celles des mosaïques arabes. Cette découverte a bouleversé le paysage de la cristallographie et créé des conflits d'une brutalité inouïe. Shechtman a même vu son article refusé pendant plus de deux ans par des journaux internationaux. Si ces cristallographes « sachants » s'étaient rapprochés de la Nature, ils auraient pourtant compris que des matériaux cristallins sans périodicité existent depuis des millénaires... Cet exemple montre à quel point un résultat établi peut être difficile à remettre en cause, bien que ce soit l'essence même de la recherche.

Nous avons récemment pu fabriquer avec des nanomatériaux des « quasi-supracristaux » (les atomes étant maintenant remplacés par des nanomatériaux). L'attrait pour les analogies entre autoassemblages de nanomatériaux en réseau cristallin nous a poussés à chercher si les « quasi-cristaux » de nanoparticules de silice existaient dans la Nature.

Celle-ci nous enseigne, là aussi, qu'il peut y avoir une similitude entre les assemblages de nanocristaux en réseau cristallin et celui des atomes dans un cristal atomique. Si l'on mélange deux types de nanomatériaux de deux tailles différentes, on obtient des assemblages binaires : dans les interstices entre les gros nanocristaux, se placent les plus petits. À la recherche de similitudes, nous avons découvert, par le biais d'un vieux journal presque inconnu, l'existence de tels assemblages avec des microparticules de silice : ce sont les opales du Brésil. J'ai demandé quelques précisions à ce sujet à la National Gallery de Washington, qui dispose d'un magnifique musée consacré aux cristaux, et notamment aux opales du Brésil. Mais les chercheurs de cet institut n'ont pas pu me renseigner ! Ce qui prouve à nouveau que les découvertes qui ne sont pas faites au bon moment sont oubliées.

Comment s'emparer du travail des autres

Étant professeur des universités, j'appartenais à l'une de ces unités mais, depuis dix ans, je travaillais principalement dans un centre de recherche. J'y développais mon projet sur les nanotechnologies et j'y avais obtenu une vraie reconnaissance. Très vite, j'avais décelé les grandes ambitions de Flick, un ingénieur qui rêvait de devenir l'un des responsables. Or, dans ce centre, les postes de direction n'étaient attribués qu'à des scientifiques reconnus à l'échelle internationale. Donc, la première étape du « business plan » de Flick était de réaliser une recherche de qualité. Il avait fait de belles études mais n'avait guère d'imagination, sans doute trop préoccupé par sa carrière pour travailler assez et aboutir à un vrai projet. Il collaborait avec des personnalités de premier plan, mais ne possédait pas son propre Lego. Flick était néanmoins très protégé par son père, personnalité très influente en France.

Du point de vue statutaire, j'étais externe au centre, tout en y ayant la responsabilité d'un groupe de quelques chercheurs – employés soit par l'université, soit par un institut de recherche – et d'un grand nombre d'étudiants en thèse. Oscar, le chef de département, demanda à chaque responsable de groupe de rédiger un projet prospectif sur cinq années. Flick, prétextant notre collaboration parmi tant d'autres, me proposa alors de fournir un projet commun. Je refusai car, de par nos positions respectives, je me doutais que mon projet deviendrait, à terme, le sien. Je m'étais déjà fait piéger, hors de question que cela recommence ! Je remis donc mon projet à Oscar – qui était un vrai directeur : contrairement à d'autres, il lisait les documents qu'il avait demandés. Il estima que mon projet était trop vaste et mon groupe trop petit pour mener de front deux orientations aussi différentes qui touchaient, l'une la biologie et, l'autre la physique. Il craignait que je ne perde ma suprématie. Je pris immédiatement conscience qu'il avait raison et décidai d'abandonner la partie liée à la biologie. Le conseil d'Oscar fut excellent. Sans lui, j'aurais été débordée et perdue.

Oscar fut appelé à une direction plus importante et Flock nommé à sa place, mais Oscar garda un œil sur son ancien département. Il prévint d'ailleurs Flock qu'il tenait à mes activités en son sein. Je perdais ainsi partiellement mon soutien. Les premiers temps, ma situation ne changea guère. Nous étions tous sur le même lieu de travail. Et puis, étonnamment, Flock m'invita à dîner avec Flick dans un excellent restaurant parisien. À la fin du repas, il me demanda de remettre à Flick tous les cahiers de laboratoire de mon groupe et le projet à cinq ans donné à Oscar. Ce dernier avait dû se douter que j'étais en danger... Je m'étonnai de cette demande incongrue. Flock m'expliqua que Flick avait besoin de visibilité et que, mes recherches étant faites dans son département, elles appartenaient au centre. Or, lors de la création de mon groupe dans cet institut, j'avais pris la précaution de faire en sorte que l'ensemble de mes travaux soit la propriété conjointe du centre et de l'université. Il me fut donc facile de rétorquer à Flock que mes activités appartenaient déjà à ces deux institutions et que je n'étais donc pas obligée de fournir à Flick des informations. Comment avait-il pu imaginer que j'allais aussi facilement me laisser prendre mon Lego ? Il fallait être fou ou inconscient pour me le demander. Flick enrageait. Il avait cru que la pression de Flock et de son père sur les décideurs du centre me ferait plier. Mais mon Lego était trop précieux ! Je tenais à continuer ma route. Flick devenait dangereux. Il essaya de détourner de moi mes chercheurs, avec des offres ô combien tentantes, mais qui ne pouvaient influencer leur carrière. Ils avaient en effet bien conscience que la « gagne » était plutôt de mon côté ! Aussi restèrent-ils solidaires. Mais l'atmosphère au centre devint irrespirable. Flock disposait des crédits et cherchait à pénaliser mes activités.

Comme, de son côté, l'université faisait pression pour que je la rejoigne à temps plein, je décidai de quitter le centre. Je conservai mes autres collaborations avec divers groupes et, bien sûr, évitai tout contact avec Flick, dont le comportement était si enfantin et dangereux, en tentant de me marginaliser !

Philou et Christiane dirigeaient chacun un institut, au sein de la même université. Julien était un chercheur appartenant à l'institut de Christiane, et moi à celui de Philou. Ensemble, nous travaillions sur un sujet qui s'avérait marginal pour moi, mais primordial pour lui. Or, nous apprîmes que Christiane et Philou avaient proposé à l'université le même projet. Nos directeurs respectifs s'étaient donc mis d'accord pour développer, à leur compte, un sujet de recherche qui était en cours dans leurs propres unités… Incroyable ! En apprenant cela, Julien se lamenta : « Voilà, ils recommencent ! Ils vont encore y mettre les moyens et moi, je suis à nouveau mort ! » Julien avait un peu plus de quarante ans – l'âge où il faut réussir à monter son propre groupe. Christiane, elle, avait déjà fait carrière, mais qu'importe ! Si l'on peut prendre le Lego de l'autre, surtout quand il est un peu démuni, pourquoi se gêner, en particulier quand une compétition internationale bat son plein ? C'est moins fatigant que de chercher son propre projet et de savoir pourquoi il est établi…

Je ne pouvais pas faire grand-chose pour Julien, mais j'avais suffisamment de crédibilité pour proposer à un journal de fort impact qu'il soit invité à rédiger une revue sur ses thématiques. Ce serait pour lui l'occasion de présenter ses résultats. J'ajoutai : « Ils peuvent vous prendre votre sujet de recherche, mais la communauté scientifique saura que vous en êtes l'initiateur ! » Après la publication de l'article, Christiane et Philou préférèrent abandonner le sujet. Eh oui, ils ne pouvaient plus être les premiers aux frais des autres !

Christiane vient d'être appelée à de hautes fonctions dans nos instances de recherche ; on peut croire en sa capacité d'exiger que l'éthique devienne la priorité dans son établissement !

Quand on publie un article, la personne qui a effectué le plus de travail est le premier signataire, et le responsable du travail et de la publication en est le dernier. Linlin, une jeune chercheuse chinoise, avait effectué avec moi des expériences pendant plus de deux ans, mais avait dû rejoindre un autre groupe en laissant le travail non publié. Nous disposions, en effet, d'explications partielles, qui ne pourraient sortir dans un journal à fort impact que si elles étaient assorties de simulations étayant notre propos. Pour cela, nous avions besoin d'un théoricien. Or, Jeanne souhaitait intégrer un institut français et était très fortement soutenue par son directeur, Louis. Je repris donc le travail de Linlin avec Jeanne et Louis, dans une atmosphère agréable, pleine d'échanges. Un vrai plaisir. Comme nos formations étaient très éloignées, nous devions veiller à rester clairs et précis pour être en adéquation – ce qui prenait du temps. Afin d'accélérer le rythme, plutôt que de déjeuner au restaurant, j'apportais des sandwichs et nous poursuivions notre travail. Après quelques semaines, nous obtînmes enfin un résultat cohérent – l'issue de notre labyrinthe. Il nous fallait donc rédiger un article.

Linlin me prévint alors qu'elle venait d'obtenir un poste de professeur dans son pays. Cela me fit très plaisir. Elle le méritait. C'était une jeune femme travailleuse, brillante, opiniâtre. Lors de notre réunion hebdomadaire, où nous devions décider de la façon dont nous allions insérer les simulations dans l'article que nous avions déjà rédigé, j'annonçai la bonne nouvelle : Linlin était sortie d'affaire. Sa route serait longue, mais elle avait déjà atteint la première étape. Il me sembla néanmoins que l'ambiance était un peu moins chaleureuse que d'habitude. J'attribuai cela à la fatigue. Et puis, c'est moins amusant d'écrire, de mettre noir sur blanc nos explications que de chercher ! Mais, le lendemain, je reçus un appel de Louis, qui me demanda de remplacer Linlin par Jeanne comme premier auteur. Pour la simple raison que la première avait déjà un poste et que la seconde en cherchait un ! Avec un article comme premier auteur, son dossier serait considérablement amélioré... Je m'étonnai qu'il puisse me demander une telle chose, sachant que Jeanne avait travaillé sur ce thème quelques semaines, quand Linlin y avait passé deux ans. Je refusai. Lors de notre réunion suivante, l'atmosphère avait totalement changé. Louis paraissait très gêné et l'amitié que Jeanne me témoignait s'était transformée en rage. Je m'étais trompée ! Je nous croyais heureux de chercher ensemble, mais l'objectif de Jeanne et de Louis n'était que de récupérer le travail des autres. Linlin n'étant pas française, personne n'en aurait rien su ! Alors pourquoi se priver ?

L'article de Linlin fut envoyé et les rapporteurs demandèrent certains changements, avant de le publier. Linlin dut faire quelques expériences supplémentaires ; nous réalisâmes les modifications en deux semaines. Jeanne, elle, avait à agrandir une figure : elle mit plus de six mois à rendre le travail… Voilà une belle expérience gâchée par le manque d'éthique !

Je décide, tu obéis !

Les mandarins n'ont pas réellement disparu. On croit que les choses ont changé parce que l'on se tutoie tous et que l'on s'appelle par son prénom. Mais seuls les autres doivent se soumettre aux règles, pas eux.

Un poste de professeur à l'université fut ouvert au concours et une vingtaine de candidats se présentèrent à ce poste, dont Florence et Marie-Ange. Elles étaient toutes deux élèves de César, un éminent scientifique qui ne faisait pas partie de l'université, mais décida que ce poste devait être attribué à Florence. Il se permit donc d'envoyer une lettre à chacun des membres du jury, pour donner son choix et préciser que Florence était d'un meilleur niveau scientifique que Marie-Ange, ce qui n'était pas vraiment justifié. À quel titre se permettait-il d'intervenir ? En recevant cette lettre, je me renseignai auprès de certains collègues et compris qu'il n'y avait pas débat : les membres du jury allaient lui obéir. La décision était prise, César était trop puissant. Inutile de discuter : il faisait peur. Je décidai donc de me mettre en congé la semaine de l'élection, pour ne pas avoir à voter et à créditer cette mascarade. Comme prévu, Florence fut choisie.

Or, un professeur est nommé dans une unité de recherche. L'un de mes collègues proposa donc de l'accueillir, mais ce n'était pas suffisant : il fallait maintenant que l'on crée un laboratoire adapté à Florence ! Alors que la tendance est plutôt à la baisse du nombre de labos... Qu'importe, c'était le choix de César ! Afin de masquer tout cela, on réunit quelques personnes de haut niveau – de simples faire-valoir – pour justifier une telle opération. Et le laboratoire fut créé.

Mais ce n'était toujours pas assez : Florence devait également disposer d'un enseignement spécifique. Or, sa spécialité était très marginale par rapport à celles du département. Qu'à cela ne tienne : le ministère décida de mettre un terme aux enseignements existants.

Rappelons que les étudiants qui désirent faire une thèse doivent chercher un laboratoire d'accueil. Comme la science est, de nos jours, très fragmentée, toutes les disciplines d'un domaine ne sont plus représentées à l'université. Les étudiants doivent donc soit choisir l'une des disciplines existant au sein de l'université, soit en changer. Or, les étudiants en thèse sont une source importante du personnel de recherche. Si l'on supprime les spécialités existantes, il n'y a plus d'étudiant dans les laboratoires.

En septembre, on annonça donc aux étudiants qui s'étaient préinscrits en juin que l'enseignement était supprimé sans remplacement et qu'ils devaient chercher d'autres cursus. Mes collègues étaient furieux, mais continuaient à se taire. Ce qui m'étonna d'autant plus que nous ne courions aucun risque !

Avec cette annonce, le président de l'université vit, à terme, disparaître tout un pan de la recherche d'un de ses départements. Il tenta de réagir, mais ne trouva aucun collègue pouvant proposer un enseignement incluant les thématiques de Florence et celles des membres du département. Ils étaient tous tétanisés à l'idée de contrarier César.

Quant à moi, je demeurais éloignée du système universitaire. J'y enseignais mais travaillais alors au centre de recherche et, mes Lego me prenant tout mon temps, je ne m'intéressais guère aux problèmes du département. Un jour, pourtant, je fus convoquée par le président de l'université. Cela m'étonna et, pour en connaître la raison, j'en informai le directeur du département, qui me répondit : « Je ne sais pas ce qui se passe, mais je viens avec vous. » Visiblement contrarié de me voir accompagnée, le président m'expliqua alors la difficulté qu'il rencontrait pour élaborer une nouvelle proposition d'enseignement qui maintienne les étudiants dans les laboratoires existants, tout en satisfaisant César. Et il me demanda de lui proposer un projet. Cela supposait que je laisse tomber quelque temps mes Lego, mais c'était pour moi un exercice inconnu, et donc une nouvelle opportunité d'apprendre. Et peut-être aussi, inconsciemment, une façon de mieux m'intégrer au sein de l'université. Le directeur du département me mit néanmoins en garde car il allait me falloir affronter César. Mais je n'avais pas peur. C'était un grand scientifique qui devait pouvoir comprendre que tous les chercheurs ont besoin d'étudiants.

Je pris le parti de consulter beaucoup de scientifiques, afin de proposer un vaste projet d'enseignement qui puisse enrichir et servir tout le monde. Ce fut un moment passionnant car chaque expert avait sa propre idée de ce qu'il fallait enseigner en fin de cycle universitaire. En fait, ils avaient surtout envie que leur spécialité soit reconnue comme un thème majeur. Ce qui est humain, mais impossible à réaliser. (C'est pour les mêmes raisons que l'enseignement en secondaire est si chargé.) J'appréciai vraiment ces quelques semaines de discussion sur des thèmes très différents. Puis, une fois ces consultations terminées, je proposai au président – toujours en présence de mon chef de département – un projet susceptible de mettre tout le monde d'accord, en précisant que je ne tenais pas à le conduire. J'avais rendu ma copie. À mes yeux, c'était désormais le projet du président, s'il voulait l'utiliser. Il lui suffisait de nommer ceux qui pourraient intervenir dans cet enseignement.

Le président remit mon projet à César, qui le prit comme une offense. Jamais je n'aurais imaginé qu'un homme si brillant puisse piquer une telle colère pour de telles raisons. Il utilisa tous les moyens pour détruire ce travail, qu'il qualifia de « mauvais », d'« inefficace », d'« inadapté », etc., et qu'il voulait remplacer par une proposition uniquement liée aux activités de Florence. Un collègue que j'avais contacté quelques semaines plus tôt me téléphona pour me raconter sa fureur. Je me retrouvai prise dans un tourbillon qui n'avait plus rien à voir avec la science. Les collègues n'osaient même plus me saluer dans les couloirs, de peur que cela ne fût rapporté à César...

Très ennuyé, le président décida de soumettre nos deux projets au conseil scientifique de l'université. Le vote, à bulletin secret, donna ma proposition largement en tête. Inacceptable, pour César : « Tous des nuls ! » s'exclama-t-il. Le président fut soumis à de telles pressions qu'il préféra renvoyer au ministère les deux projets, en précisant les résultats du vote du conseil scientifique. Mais ce fut celui de César, qui fut retenu, tandis que le président, en fin de mandat, se vit sanctionné. Lui qui comptait obtenir un poste au niveau européen fut nommé dans une université en cours de création, sans comparaison avec le poste qu'il souhaitait. La colère de César n'avait plus de limites.

Nos domaines de recherche étant différents, il se renseigna sur mes activités et alla jusqu'à inviter dans son département parisien Stephen (l'un des membres du « trio infernal »), pour me faire de l'ombre ! Paradoxalement, cette attitude excessive finit par m'être bénéfique car, jusque-là, étant un peu marginalisée, j'étais moins connue en France qu'à l'étranger. Or, avec un tel scandale, l'attention des scientifiques hexagonaux se porta enfin sur mes Lego !

Un jour, Pierre-Marie proposa mon nom pour recevoir un grand prix, en France. Il rencontra Yolande, dont les fonctions étaient des plus importantes dans la recherche, et qui était la présidente du jury. Il lui annonça avoir envoyé un dossier à cet effet, à ses services. Mais elle lui rétorqua aussitôt : « Elle, jamais ! » Il s'en étonna auprès de moi. C'était assez simple :

Yolande avait tenté de développer des thématiques voisines des miennes et, avec l'équipement dont elle disposait, elle n'y était pas arrivée. Je n'y étais pour rien mais, puisqu'elle n'avait pu avoir son Lego, elle cherchait à combattre le mien... On retrouve ce genre de comportement dans tous les pays, sauf qu'en France, on n'a pas besoin de s'en cacher. À l'étranger, Yolande aurait œuvré pour que le prix ne me soit pas attribué, mais ne l'aurait jamais claironné d'emblée, avant même que le jury ne se réunisse. Car, sinon, à quoi sert un jury ? Son attitude en disait long sur les méthodes utilisées...

Je fus nommée administratrice d'un institut prestigieux, très reconnu à l'étranger. Une pépite, qui dépendait du ministère de la Recherche, englobait les sciences dites « dures », humaines et sociales, et donnait à ses membres – tous enseignants-chercheurs – une plus grande disponibilité afin de développer leur projet, en les déchargeant partiellement, pour cinq ans, d'enseignement. Une aide financière à la recherche leur était, en outre, attribuée. Le nombre d'élus était limité à 1 % de la totalité des enseignants-chercheurs français. Et le jury était constitué pour moitié de compatriotes et pour l'autre d'étrangers, choisis parmi les meilleurs scientifiques du monde. Ils recevaient pour consigne de ne retenir que les projets les plus prometteurs, et ce, quelle que fût la discipline. Il y avait donc beaucoup d'appelés, et peu d'élus.

Ma charge était d'améliorer la gouvernance de l'institut, de proposer à Jean-Pierre, mon ministre de tutelle, la nomination d'un président et d'un vice-président de jury et de les assister pour la constitution de jurys internationaux. Je dus trouver les arguments nécessaires pour convaincre le ministre d'augmenter les effectifs, ce qui induisait une modification conséquente du budget attribué à l'institut. Mais mon rôle s'arrêtait là. Cette tâche était suffisante, sachant que je gardais en tête mes Lego. Afin de bien cerner les points majeurs du projet de transformation qui devait être soumis à Jean-Pierre, je rendis visite à tous les anciens présidents des jurys précédant ma nomination, ainsi qu'à tous les présidents des grandes universités accueillant certains de nos membres. Et, comme ces transformations devaient surtout profiter aux jeunes chercheurs, il me semblait aussi important de les consulter. Dans ma discipline, j'étais capable de trouver les meilleurs experts mais, dans les autres, je n'avais guère de compétences. Et il était difficile de trouver des interlocuteurs. Je testai et écoutai donc les propositions de quelques jeunes, qui étaient les enfants d'amis et de ma propre fille. Tous avaient fait des études brillantes, très éloignées de mes préoccupations. Et je tenais au courant Philippine, la secrétaire générale de l'institut, afin de l'associer aux propositions faites au ministre. Or, un jour, elle vint dans mon bureau me dire : « Je ne veux plus que tu consultes tous ces jeunes. Ils n'y connaissent rien et n'ont pas assez d'expérience… » Je la sentais très troublée, prise d'une colère qu'elle tentait de contenir. Elle avait dû ressasser tout cela longtemps, sans que je m'en rende compte. Et croyait sincèrement que je commettais une erreur. Philippine était diplômée d'une grande école dont beaucoup d'élèves sont hors sol. Voilà le point d'achoppement : ils voulaient rester entre eux. L'institut évoluait au profit des jeunes, mais sans leur demander leur avis. Il me semblait pourtant qu'ils pouvaient être entendus, sans pour autant devenir décisionnaires. Comment penser que des jeunes entre vingt et trente ans ne sont pas assez responsables pour émettre un avis ? Les choix ne doivent pas être pris entre décideurs, souvent loin des lieux où se fait la recherche et sans prendre en compte les besoins réels ! Je continuai donc à consulter ces jeunes, mais n'en fis plus part à Philippine. Et je finis par présenter mon projet à Jean-Pierre, à qui j'expliquai, avec quelques angoisses, comment j'avais procédé (en incluant le recours à des jeunes). Par chance, nous avions la même conception des choses.

Je dois aussi confesser mon étonnement devant le nombre de lettres que je reçus pour me demander d'intervenir en faveur de tel ou tel candidat auprès du président du jury. Ce que je ne fis, évidemment, jamais. Certains de mes collègues, qui étaient candidats, me firent directement parvenir leur dossier, me contraignant à leur répondre que cela ne devait passer que par le secrétariat général. Ainsi Gilbert, qui m'avait souvent aidée pour développer mes recherches et pour qui j'avais beaucoup de reconnaissance, m'adressa une lettre de recommandation. Je lui téléphonai pour lui expliquer que ce n'était pas dans mes attributions ; il s'excusa en me glissant : « Tu sais, c'est la pratique… » Me parvinrent même quelques lettres de délation : histoire de faire chuter l'un d'entre nous, alors que nous sommes tous des chercheurs !

Le jury proposait une liste de noms, dont le nombre était fixé à l'avance par la direction de la recherche du ministère. Et, habituellement, le ministre confirmait le choix des jurys. Il s'avéra qu'une fois, Zoro – un chercheur politiquement influent et, quelquefois, scientifiquement contesté (sa discipline l'est souvent !) – ne fut pas désigné, alors qu'il était candidat depuis plusieurs années. Il s'en montra particulièrement mécontent. Or, la gouvernance de l'État avait changé, Jean-Pierre n'était plus mon ministre de tutelle et Zoro avait ses entrées à tous les niveaux. Selon ses propres dires, il alla se plaindre aux autorités, qui décidèrent de le nommer hors jury. Pour cela, le ministère alla jusqu'à changer le règlement intérieur et ajouter un certain nombre de noms, qui n'avaient pas été retenus par le jury. Furieux, les jurés français en informèrent les étrangers ; ils estimaient tous que leur travail – mal rémunéré, mais intéressant – avait été bafoué. Qu'importe, puisque Zoro était servi !

Cette affaire mit à mal la crédibilité de nos dirigeants et la notoriété de l'institut. Depuis, de nombreux scientifiques étrangers refusent de faire partie du jury et de cautionner cet organisme, qui était pourtant l'un de nos fleurons. Et voilà comment une institution prestigieuse, parfaitement réglée, se retrouve jetée aux orties pour plaire à quelqu'un ! De tels comportements sont impensables dans les pays nordiques. Cette décision purement politique nous a fait perdre la face devant nos collègues étrangers. Le chercheur français cumule, en effet, tous les handicaps : il n'a pas assez de financement pour développer ses recherches, il est mal payé et raillé à l'internationale ! Souvent, quand je me rends à l'étranger, mes collègues qui ont, un jour ou l'autre, fait partie de l'un de ces jurys, s'amusent de la façon dont, en France, on considère nos chercheurs et leur travail. Dans ces cas-là, je suis submergée de honte. J'essaie, bien sûr, de dévier la conversation et d'ignorer que notre propre ministre de tutelle nous met parfois dans des situations délicates.

Ceux qui ont fait ce choix, pour Zoro, ne s'en sont pas inquiétés. Ils restent des décideurs influents et leurs actes témoignent de leur manque d'estime pour les chercheurs. Une Marie Curie a été bien plus utile à l'Humanité que bien des politiques dont nous avons oublié le nom…

De solides amitiés

J'ai eu le privilège de rencontrer, de discuter et de partager mes travaux avec des personnalités de tout premier plan. Chacun de nous faisant ses propres recherches, nous pouvions parfois être en compétition, mais étions avant tout désireux d'apprendre l'un de l'autre. Des conditions rares, mais idéales, qui donnent parfois lieu à de vraies amitiés. À condition, bien sûr, que l'on ne se retrouve pas sur le même chemin…

Revoici Alfred, qui avait commencé à travailler comme ouvrier tourneur, avant de passer par le laboratoire de Frédéric Joliot en physique atomique, puis en biophysique, pour devenir directeur de l'Institut du radium et terminer à l'hôpital de Villejuif. Avec le temps, nous avions développé une très belle relation. Lors de nos premiers entretiens, il s'était beaucoup démené pour que je trouve la voie qui me correspondait le mieux. Et, quand je partis pour la Suisse, je lui annonçai : « À mon retour, je vais essayer d'être nommée professeur à l'université ! » Ce qui l'atterra : « C'est impossible, étant donné votre début de carrière… D'ailleurs, si vous voulez un jour passer professeur, il vous faudra publier au moins quatre articles par an, et ce pendant plusieurs années. »

Je m'installai donc en Suisse et restai en contact avec lui. À chacun de mes retours à Paris, je passais le voir dans son laboratoire et lui racontais ce que je faisais, le comportement des uns et des autres, et la vie – scientifique ou non – que je menais à Lausanne, puis à Zurich. À la fin de mon séjour en Suisse, je lui rappelai la condition qu'il m'avait imposée pour tenter de devenir professeur à l'université : publier au moins quatre articles par an, et j'ajoutai : « Durant ces trois dernières années, j'ai publié quatorze articles. Je suis donc revenue dans les clous ! » Il m'avoua alors que, lorsqu'il m'avait donné ce chiffre, c'était juste pour me faire oublier cet objectif – impossible dans notre système français, où les promotions passent le plus souvent par un mentor. Il conclut en me disant : « Vous n'êtes pas aigrie par votre périple chaotique et je ne veux pas que cette idée de promotion vous change… » Je compris et lui demandai, en revanche, d'intégrer son équipe. Ce qu'il refusa en m'expliquant que, bien que mon séjour à Zurich puisse beaucoup apporter à son laboratoire, il devait obtenir un poste de professeur pour Yves, qui travaillait avec lui depuis plusieurs années. Et, comme il venait d'obtenir un poste pour quelqu'un d'autre, il savait qu'il ne pourrait pas m'aider dans les prochaines années et qu'ensuite, ce serait trop tard. Sa franchise me toucha car, en réalité, son intérêt aurait été de m'intégrer et de me promettre ce qu'il ne pouvait donner, sans s'inquiéter du fait que « les promesses n'engagent que ceux qui les croient »…

Beaucoup d'autres me proposèrent de rejoindre leurs laboratoires et, chaque fois, Alfred s'exclamait : « N'y allez pas, ils ont déjà leurs candidats : vous pourrez travailler, mais vous n'obtiendrez pas de poste ! » Toujours aussi honnête ! C'est à cette période que se noua entre nous une solide amitié. Nous déjeunions souvent ensemble. Deux électrons libres, au parcours atypique : tout ce que la France n'aime pas… Quand je concourus pour le poste de professeur, sans en connaître les règles, il me donna quelques conseils de base, mais ne put m'aider davantage car il était hors du système. Et lorsque je fus finalement nommée, après une lutte inédite, je crois qu'il en a été encore plus heureux que moi, tant j'avais été déstabilisée par cette expérience.

Alfred dirigeait tout le service d'enseignement de biophysique. Or, la professeure de chimie de ce service partait à la retraite. De nombreux collègues firent acte de candidature pour la remplacer, mais Alfred demanda que le poste me fût attribué. Quand je lui demandai pourquoi, il me répondit : « Avec vous, si le cours n'est pas bien fait, je pourrai vous le dire et je sais que vous m'écouterez, que vous rattraperez vos erreurs. Alors qu'avec les autres, ce serait impossible. Ils veulent cet enseignement parce qu'il est agréable, qu'il y a peu d'étudiants et l'atmosphère y est excellente… » Je le remerciai et me retrouvai à donner mon premier cours dans le service de biophysique. Très proche de ses étudiants, Alfred connaissait leurs attentes, les critiques faites aux autres enseignants du service et il leur avait annoncé que j'enseignais pour la première fois. Heureusement que je m'y étais bien préparée car les étudiants s'étaient donné le mot pour me mettre au défi ! Alfred m'expliqua avoir utilisé ce subterfuge pour me faire prendre conscience de l'importance de l'enseignement, et de ne jamais le négliger par rapport à la recherche. Une belle leçon que je n'ai pas oubliée.

Alfred perdit sa femme. Tout son parcours, il l'avait fait avec elle, qui passait des journées entières à ses côtés, ce qui leur permettait de se voir tout en continuant à travailler. Il était d'autant plus triste que l'heure de sa retraite avait sonné et qu'il souffrait à l'idée de ne plus voir ses étudiants. Mais que faire ? C'était la règle en France, comme dans la plupart des pays européens. Le dernier jour, j'enseignai juste avant lui et proposai aux étudiants de lui faire une surprise. L'un d'eux alla acheter gâteaux et boissons et, à la fin de mon cours, les étudiants sortirent de l'amphithéâtre avant que Alfred n'entre, avec la tête d'un condamné à mort qui monte à l'échafaud (je n'en ai jamais vu, mais c'est ainsi que je les imagine). Il s'inquiéta que la salle fût vide. Je lui dis qu'ils étaient allés prendre l'air. Et, brusquement, les étudiants revinrent, avec de quoi boire et manger, en s'exclamant : « Aujourd'hui, pas d'enseignement ! C'est la fête ! » Alfred ne donna donc jamais son dernier cours...

En raison de son parcours singulier, il estimait que l'école et l'université abrutissent les jeunes et les forment très mal. Souvent, quand un étudiant lui posait une question, il répondait par une autre question qui relevait d'un phénomène du quotidien. Si l'étudiant ne savait pas répondre, il lui disait : « Demandez donc à vos parents ! » Il s'amusait beaucoup de ces jeunes qui s'étonnaient que leurs parents puissent répondre aux questions de Alfred alors qu'eux, qui suivaient son cours, n'y parvenaient pas.

Parti à la retraite, il décida d'écrire un livre qu'il intitula, en toute simplicité, *La Physique*. La construction de chaque chapitre était à son image : la première partie tenait compte de l'observation quotidienne des phénomènes, puis il orientait peu à peu le lecteur vers les cours pour physiciens. Les éditeurs scientifiques acceptèrent de publier son livre à condition qu'il trouvât un coauteur en activité, afin d'avoir un marché auprès des étudiants. Mais Alfred refusa de partager son travail pour de simples raisons financières. Ce livre, c'était son Lego et l'on était prié de ne pas y toucher ! J'obtins du ministère que l'ouvrage puisse être publié sur Internet. Ravie, je lui téléphonai pour le lui annoncer. Mais il refusa : « Je veux un vrai livre avec du vrai papier, que l'on puisse prendre et toucher… C'est non ! » Moi qui croyais avoir réussi, c'était sans compter sur les exigences de Alfred. Il m'agaçait, mais je ne dis rien et fis l'effort de demander un rendez-vous au président de l'université, à qui je déclarai : « L'université doit aider Alfred à publier son livre. Il l'a suffisamment servie pour qu'elle lui donne un coup de main… Il faudrait verser 10 000 francs à l'éditeur. » Il accepta. Le livre fut publié. Je m'inquiétai alors de ce qu'allait faire Alfred. Il avait 90 ans et son projet était terminé. N'allait-il pas déprimer ? Lors d'un dîner, je lui demandai comment il comptait organiser sa vie maintenant que son but était atteint ; il me répondit : « Connaissez-vous l'origine de Π ?... Bien sûr que non, comme tout le monde ! Mon petit-fils, qui est normalien, non plus... Eh bien, je vais écrire un nouveau livre sur l'origine de Π ! » Et il a publié ce second livre, plus simplement que le premier car cela relevait davantage de l'histoire scientifique.

Son énergie était incroyable. Il peignait et exposait ses tableaux à ses heures perdues, mais refusait de les vendre. Les chercheurs sont un peu fous ! En revanche, il les offrait à ceux qu'il estimait le mériter... Il venait aussi régulièrement chez moi, à la campagne, mais ne restait jamais longtemps : il était trop occupé. Avant son décès, il m'a confié : « J'ai trop de choses à faire... » et la dernière chose qu'il m'ait dite fut : « Occupez-vous de faire rééditer *La Physique.* »

Per est un gentleman suédois, courtois, ponctuel, attentif à tous ceux qui l'entourent. Une personnalité assez exceptionnelle. C'est lui qui, plus jeune, participait au championnat national de course à pied, tout en suivant des études scientifiques à l'université de Chalmers, à Göteborg. Ce qui l'anime, c'est l'envie de se surpasser et d'être le premier, en ayant l'air extrêmement modeste !

Il est entré dans l'industrie chimique, mais sans jamais quitter des yeux ce qui se faisait dans le milieu académique. Au bout de quelques années, il a pris la tête du plus grand centre mondial de colloïdes (associations de savon et/ou polymères), qui se trouvait à Stockholm. Cette institution étant chargée de développer la recherche fondamentale sur certains problèmes liés à l'industrie, la diriger représentait à la fois une vraie continuité par rapport à son activité précédente, et une consécration. Mais Per ne s'est pas arrêté là. Il a fini par quitter ce poste prestigieux pour aller créer à Göteborg un département de recherche fondamentale, à l'université de Chalmers. Il tenait en effet à se rapprocher des lieux de son enfance. En moins de dix ans, il a réussi l'exploit de transformer cette toute petite unité de recherche en plus grand département de Chalmers ! Il faut dire que la devise de cette université est : « Avancer » (en français). Per est l'incarnation de l'homme qui cherche toujours à être le meilleur, mais sans faire de l'ombre aux autres. Il fait, d'ailleurs, tout ce qu'il peut pour mettre la recherche des autres en lumière. Membre du comité Nobel, il connaît à la perfection le parcours de nombreux chimistes et cherche en permanence la genèse de la recherche effectuée par le chercheur susceptible d'être primé. J'ai pu constater, au cours de nos discussions, à quel point la paternité d'une découverte est difficile à appréhender.

Lors d'un colloque qu'il organise à Göteborg et qui réunit des scientifiques d'origines très diverses, l'ambiance était particulièrement détendue. Jusqu'à ce que, après ma conférence, Gerhart, directeur d'un Max Planck que je ne connaissais pas, se lève et affirme : « Ce phénomène n'existe pas. Ce n'est qu'un artefact. Je vous le prouve lors de ma présentation. » Le propos était glaçant (les directeurs des Max Planck sont souvent arrogants !). Je lui rétorquai : « Je suis prête à accepter ce fait, mais il faut en apporter la preuve. » L'atmosphère se refroidit et il y avait de quoi ! Per, toujours courtois et attaché à l'harmonie, tenta de calmer au jeu : « Je vous propose que l'on se réunisse ce soir, tous les trois, pour le dîner... Vous y échangerez vos arguments. » Per demanda au directeur du restaurant où avait lieu la manifestation de nous réserver une table tranquille, puis commanda un excellent repas, arrosé d'une bonne bouteille de vin. Quoi de mieux pour trouver un accord ? Et nous voilà, Gerhart et moi, discutant nos résultats respectifs sous l'œil attentif de Per, qui intervenait de temps à autre, pour mieux comprendre les différences de contexte. À la fin de la soirée, nous décidâmes d'utiliser mes échantillons, de refaire l'expérience avec l'équipement de Gerhart et nous nous engageâmes à publier ensemble le résultat final et de conclure qui de nous deux avait tort.

Gerhart déposa une demande d'attribution du prix à la Fondation Alexander von Humboldt et j'obtins cette récompense prestigieuse, qui me permit de passer quelques mois à Berlin, afin de résoudre ce problème. J'ai d'ailleurs appris beaucoup plus tard que Per avait été l'un des experts contactés par la Fondation pour avis sur la demande de prix de Gerhart... Je me retrouvai donc à Berlin et suivais le chercheur en charge de l'expérience, comme l'on peut surveiller le lait sur le feu. Je m'aperçus que l'effet recherché existait, mais qu'il fallait modifier les conditions expérimentales pour pouvoir le voir correctement. Je sautai de joie et nous allâmes, le chercheur et moi, annoncer la bonne nouvelle à Gerhart. Mais celui-ci, à ma grande surprise, se mit en colère contre son chercheur qui n'avait pas vu ce phénomène.

J'essayai de calmer le jeu et de lui expliquer que, dans ses conditions expérimentales, il était difficile de l'observer. On pouvait donc expliquer les différences de résultats et ceci représentait un grand apport pour la communauté scientifique. Mais Gerhart resta très contrarié ! Comme promis, nous rédigeâmes un article montrant que ce phénomène existait bien. Il n'était cependant pas acceptable pour un physicien, directeur d'un Max Planck, qu'une femme chimiste puisse avoir raison sur un problème de physique. Quelle gageure ! Quelle arrogance ! Ces femmes sont insupportables... Nous publiâmes donc les résultats mais, comme Gerhart refusait, contrairement à notre deal initial, que l'article fût envoyé dans un grand journal, nous nous contentâmes d'une publication à l'impact raisonnable, sans plus. J'acceptai car, en Allemagne comme au Japon, un directeur ne peut perdre la face. Nous restâmes en bons termes, mais ne travaillâmes plus jamais ensemble. Et c'était sans doute une sage décision car cela aurait pu dégénérer. Gerhart reste néanmoins un chercheur que j'apprécie ; les moments que nous passons ensemble sont toujours agréables. Il y a peu, sans me prévenir, il m'a fait attribuer la médaille d'or Max Planck-Fondation Alexander von Humboldt. Acte gratuit. Respect mutuel.

Per et sa femme, Julia, viennent souvent me rendre visite, soit à la campagne, soit à Paris. Nous nous apprécions beaucoup, même si nous n'avons évidemment pas la même culture. Chez Per et Julia, la vie est réglée des mois à l'avance quand, nous, nous décidons tout du jour au lendemain, voire d'une heure à l'autre. À la campagne, chacun vit à son rythme, sans contrainte. Mais Per et Julia veulent connaître, la veille au soir, l'heure à laquelle ils doivent se réveiller. J'essaie de leur expliquer que chacun fait comme bon lui semble, mais cela leur paraît impossible. Alors nous nous adaptons et fixons une heure pour le petit déjeuner. À l'heure exacte, ils sont prêts, douchés, habillés, alors que, nous, nous sortons à peine de nos lits… À chacun de mes passages à Göteborg, ils organisent un dîner très conventionnel, dans leur immense et magnifique appartement. Et, pour l'apéritif, tous les invités restent debout ! On ne s'assied que pour et après le repas. La première fois, cela paraît étrange, puis on s'y habitue. Qu'importe nos différences culturelles, nous sommes bien ensemble !

En général, les soirées électorales se passent chez moi, entre amis, quelles que soient leurs opinions politiques. Et, comme la télévision se trouve dans ma chambre, nous nous retrouvons tous sur le lit ou par terre, à boire du champagne, en écoutant le débat. Lors de la dernière élection présidentielle, Per et Julia étaient à Paris, le soir du débat Macron-Le Pen, et il m'a demandé s'ils pouvaient se joindre à nous. Je les ai prévenus que ce serait très informel, que l'on serait mal assis et que la soirée serait animée. Per est arrivée sans Julia, qui était officiellement fatiguée, mais n'avait sans doute pas eu la force de se trouver dans une ambiance trop chaotique pour elle. Per a observé, les yeux ronds, ce qui se déroulait autour de lui. Comment peut-on passer une soirée entière à grignoter, assis n'importe où, simplement pour écouter un débat politique ? Mais il y a peu, lors d'un dîner à Göteborg, Per a expliqué à ses hôtes combien cette soirée reste pour lui un bon souvenir...

Cette année, Per et Julia sont arrivés en France deux semaines avant le confinement. Je devais aller les chercher à Roissy mais, vu les conditions sanitaires, je leur ai expliqué que je ne pourrais pas venir à l'aéroport et leur ai demandé de prendre un taxi pour se rendre à l'Institut de Suède, à Paris. Leur réponse a été quelque peu cinglante : « Nous n'avons pas peur, c'est ridicule... Nous irons en métro ! » Deux semaines plus tard, Per devait partir en Chine, où il mène une collaboration très fructueuse. Tout indiquait qu'il lui serait impossible de s'y rendre, mais Per et Julia n'avaient pas prévu la pandémie et avaient décidé de ne rien changer à leurs plans initiaux. Ils ont pris le dernier avion pour la Suède, le jour où le président Macron a instauré la fermeture des frontières et un confinement généralisé. Comme pour chacun de nous, tous leurs projets ont été modifiés, mais ce fut particulièrement difficile à vivre pour eux.

Laszlo a, un jour, rapporté du Japon des échantillons de molécules synthétisées par Hiroshi – un chercheur de très haut niveau, reconnu dans le monde entier –, afin d'effectuer des assemblages. Mais je me suis aperçue que ces derniers étaient instables dans certaines conditions. Inexpérimentée et connaissant encore mal le milieu, je me suis permis, lors de notre première rencontre à Wolfeboro, de le dire à Hiroshi. Un autre l'aurait très mal pris. Lui m'a simplement répondu : « Pas grave, on fera d'autres molécules pour vous ! » Depuis, nous sommes en relation étroite et partageons nos expériences.

Une grande famille scientifique entoure Hiroshi et bon nombre de chercheurs ayant fait leur thèse avec lui sont désormais directeurs de laboratoire. Le respect que les Japonais ont pour leur patron est difficilement concevable dans nos pays, mais cela fait rêver ! Tout est à son service, avec une affection qui semble très réelle. Or, Hiroshi m'a intégrée à sa famille scientifique, au point que l'on m'a dit un jour : « Mais chaque fois que l'on se réunit, vous êtes là, avec nous, au Japon… Quand êtes-vous en France ? »

Quand Hiroshi a reçu l'un des plus grands prix internationaux, il m'a téléphoné : « Nous aurions pu l'avoir ensemble, dommage… Mais je voudrais que tu sois présente lors de la remise du prix au Japon. » À l'exception de ses trois plus proches collaborateurs, j'étais la seule invitée et j'ai même appris qu'Hiroshi voulait m'offrir mon billet d'avion ! J'ai refusé : « Cette invitation est un immense honneur et cela me fait extrêmement plaisir d'être présente. En revanche, il n'est pas question qu'il prenne en charge mon voyage ! » Mais son collaborateur m'a répondu : « Vous savez qu'au Japon, on ne dit jamais non et on ne refuse pas un cadeau. » Alors oui, Hiroshi m'a offert, de ses propres deniers, mon voyage au Japon. Le prix de Kyoto est décerné par la Fondation Inamori, du nom du fondateur du leader mondial de la céramique fine. La médaille du prix, en or et sertie de pierres, est si lourde et si précieuse qu'après la cérémonie, on l'enlève à l'impétrant pour la ranger dans un coffre. La réception se déroule ensuite sur deux jours, avec un faste inouï, digne d'un grand mariage en Inde. Un moment fabuleux, inoubliable. Cela s'est déroulé la veille de l'attentat du Bataclan ; Hiroshi m'a dit alors : « Si tu préfères rester au Japon, nous serions heureux de t'accueillir chez nous. » Ce qui est exceptionnel de la part de Japonais.

Il y a peu, Hiroshi a été nommé docteur *honoris causa* d'une de nos universités françaises. Il m'a écrit pour me dire qu'il comptait venir en France avec sa femme, Roko. Il se trouve que je devais être décorée à la même période. J'ai essayé de faire coïncider les dates afin qu'ils puissent être présents, mais c'était impossible. Cela n'a pas empêché Hiroshi et Roko d'arriver en France avec six jours en avance, pour assister à ma remise de décoration. Leur séjour à Paris a été à leur charge mais qu'importe, ils tenaient à être présents ! Je les ai ensuite invités chez moi, à la campagne. Et j'y ai découvert à quel point ils étaient attentifs, flexibles et extraordinairement cultivés. À ma fille, qui avait voulu se joindre à nous lors de ces quelques jours, Roko, très touchée de ses attentions, a même offert une broche d'un grand joaillier américain, qu'elle avait achetée pour la remise du prix de Kyoto à Hiroshi !

Dommage que le Japon soit si loin de la France car nous ne pouvons nous voir aussi souvent que nous le désirons. Mais une vraie amitié, totalement désintéressée, nous lie : je ne peux rien faire pour lui, et lui pas grand-chose pour moi. Nous avons simplement plaisir à passer du temps ensemble… Un soir où j'étais à Kyushu pour une courte visite, Hiroshi, qui n'aime pas le faste, m'a emmenée dans un petit bar à sushis. Nous y avons commandé du sashimi de poissons que je n'avais jamais goûtés et du saké. Hiroshi était assis entre sa femme et moi. Son verre de saké étant vide, j'ai eu le réflexe de le resservir. Mais j'ai vu son visage changer. Je me suis exclamée : « J'ai dû faire une bêtise ! Dis-moi laquelle... » Hiroshi est resté silencieux, mais Roko m'a expliqué : « Au Japon, je suis la seule à pouvoir servir du saké à mon mari. » Je l'ignorais ! C'est un parfait exemple de notre relation : moi, attentive à eux et, eux, compréhensifs envers moi ; nos différences de culture ne sont que péripéties.

Comme on l'a vu, Laszlo a eu une très grande influence sur ma carrière, ce dont je lui suis très reconnaissante. Il a su me sortir d'une recherche tranquille et guère innovante, et me jeter vers ce qui semblait inatteignable, mais qui s'est, parfois, révélé gagnant. Il a eu les mots qu'il fallait pour me faire sauter le pas, du confort vers l'aventure. Laszlo a donc été une sorte de mentor sans complaisance. Mais, après mes séjours en Suisse, j'ai pris mon envol et perdu contact avec lui. Chacun menait sa vie jusqu'à ce qu'un jour, dans le bus qui nous conduisait à Wolfeboro, je le retrouve. Il me demanda où en étaient mes projets. Je cherchais toujours ma voie, mais lui expliquai que je venais de développer une thématique intéressante. Il me coupa la parole : « Je l'ai déjà fait ! » Il sortit de ses dossiers un article qu'il venait d'envoyer pour publication. C'était bien la même thématique, les mêmes équipements, les mêmes composés – tout était identique, alors que nous ne nous étions pas concertés. Nouveau choc ! S'orienter sur les thématiques de Laszlo aurait été, pour moi, un suicide scientifique. Il ajouta : « Nous ne pouvons même pas publier ensemble, car l'article est déjà envoyé... » Je le lus et constatai, néanmoins, que nos résultats étaient totalement divergents. Quand l'un de ses phénomènes croissait, le même décroissait dans nos expériences, et vice versa. J'allais en informer Laszlo, mais il ne pouvait qu'avoir raison ! Il me répondit donc : « Tu t'es trompée. » De retour en France, je refis les expériences et mes résultats étaient parfaitement reproductibles. Quelques mois plus tard, nous nous retrouvâmes à Lund, pour un congrès. Je lui affirmai alors : « Ce sont tes résultats qui sont faux, les miens sont très reproductibles... Mais tu peux m'empêcher de publier, je n'ai pas ta réputation. » Il me rétorqua : « Mais que fais-tu donc de mon éthique ? Comment peux-tu imaginer que je veuille t'empêcher d'avancer ? » À l'époque, de nombreux résultats de Laszlo étant controversés, je m'inquiétais que cela lui portât préjudice. Il me dit : « On ne triche pas, on comprendra plus tard... » Je rédigeai donc l'article et l'envoyai à un journal. L'éditeur demanda évidemment à Laszlo son avis sur ce travail. Ce dernier me téléphona : « Ton article est accepté. J'ai fait quelques corrections que l'éditeur t'enverra... Continue. » Ce genre de choses n'arrive que très rarement. Si vous êtes en désaccord avec l'un des experts ou si vous êtes simplement en concurrence avec lui, il fera tout, systématiquement, pour rejeter l'article – mais pas Laszlo. Il se trouve que, quelques années plus tard, un groupe français a pu expliquer ces différences de résultats. Ni Laszlo ni moi n'y avions pensé.

Nous continuâmes notre route chacun de notre côté. Avec mon nouveau Lego, je m'éloignai de ces thématiques ; en revanche, lui suivit mes travaux. Un jour, Flick vint me demander : « Pourquoi Laszlo mentionne-t-il régulièrement tes articles ? » J'en étais très étonnée car je n'avais plus grand contact avec lui et qu'en plus il connaissait mes difficultés avec le « trio infernal ». En face de telles brutalités, son intérêt aurait été de m'ignorer, comme bien d'autres l'ont fait. Mais Laszlo avait vraiment une éthique irréprochable !

J'étais au Japon quand Kisu, une jeune physicienne, ancienne élève de Hiroshi, eut un comportement qui ne me plut guère. Vu mes grandes qualités de diplomate, je le lui fis savoir, ignorant qu'elle travaillait avec Laszlo. Elle passa donc des heures au téléphone avec lui pour tenter d'arranger les choses. Un jour, lors d'une conférence aux États-Unis, Laszlo s'exclama : « Essaie de ne pas te mettre en colère contre Kisu car, après, elle m'empêche de travailler ! »

Quand je lui racontai que je venais d'acheter une maison secondaire près de Paris, il m'avoua avoir très envie de manger un poulet de la campagne, « comme ceux de [son] enfance. » Je lui expliquai que, dans mon petit village, quelqu'un élevait des poulets à l'ancienne, en plein air. Il fallait les cuire plus de trois heures tant ils avaient couru ! Lors d'un de ses séjours en Europe, Laszlo prit l'avion de Londres pour Paris, puis le train jusqu'à Sens, simplement pour venir manger ce fameux poulet – lui qui fréquentait les plus grands restaurants parisiens ! Nous avions d'ailleurs, un jour, parié une bouteille de château-margaux, que j'avais gagnée et gardée, en espérant trouver une occasion de partager avec lui ce vin d'exception. Ce fut chose faite, le jour du poulet ! Mais il me gronda sous prétexte que j'aurais dû le boire depuis longtemps... Eh oui, nous sommes ainsi !

Laszlo étant d'origine hongroise, ses collègues décidèrent, pour ses soixante ans, d'organiser un colloque international à Budapest. J'y fus conviée et, afin de le remercier de son aide, je décidai de faire une présentation plus personnelle que scientifique, que je proposai d'intituler : « Ce que Laszlo m'a apporté pour arriver à développer mon Lego ». Il se trouve que, quelques mois auparavant, je lui avais demandé de critiquer l'un de mes articles. Lorsqu'il passa à Paris pour une réunion, nous nous réservâmes donc un après-midi afin de travailler l'article (qu'il refusa de signer ! Toujours son éthique...), puis de visiter le musée du quai Branly-Jacques Chirac. Il devait dîner le soir même, avec les organisateurs de sa réunion, puis rentrer à Montréal deux jours plus tard. Bien que partant pour Pise pour la journée, j'insistai pour l'emmener à l'aéroport le surlendemain ; c'est lors de ce trajet qu'il m'avoua : « Tu sais, cela m'arrange car j'ai très mal au ventre... On me fait des examens le 14 juillet. » Je compris que c'était grave. Le 15, je lui téléphonai. Il m'annonça qu'il avait un cancer et que les médecins lui interdisaient de se rendre au colloque de Budapest. Je lui répondis qu'étant donné le titre de ma conférence, je ne m'y rendrais pas. « Alors, viens plutôt nous voir à Montréal ! » s'exclama-t-il.

Chose dite, chose faite : je réservai un billet d'avion, un hôtel pour ne pas les déranger, lui et sa femme, et le prévins que je passerai là-bas un week-end. Comme Laszlo était un grand collectionneur, je me rendis dans une salle des ventes et lui achetai une poterie chinoise du XVIIIe siècle. J'arrivai à l'aéroport avec un bagage à main, dans lequel se trouvait mon cadeau. Mais, au portique de sécurité, l'agent me dit qu'il était impossible de garder cet objet en cabine, car il contenait des métaux. Or, il était trop tard pour l'envoyer en soute, la poterie n'étant de toute façon pas assez protégée. J'expliquai qu'elle était destinée à un ami qui allait mourir et demandai à l'agent de fermer les yeux. Et là – miracle – il me laissa filer !... Nous passâmes ensemble un week-end magnifique en compagnie de leurs enfants, qui ne se doutaient de rien. Et, autre chose incroyable, j'appris que j'avais choisi le jour précis de son anniversaire pour lui rendre visite. Quelle belle coïncidence ! En me ramenant à l'aéroport, il me dit une dernière chose : « Je n'oublierai jamais. »

Avec Philippe, ce soir-là, nous étions deux Français seuls au Japon, à la veille d'une conférence. Nous devions essayer d'aller nous coucher le plus tard possible pour tenter de limiter le décalage horaire. Nous sortîmes donc manger des sashimis dans le quartier de Shibuya, le repaire de la jeunesse tokyoïte. Nous ne nous connaissions guère et que se raconter, sinon nos recherches, apparemment très éloignées les unes des autres ? Philippe est un scientifique de talent, qui a fini plus tard par recevoir le Nobel. Mais elle est loin l'époque où un chercheur pouvait comprendre tout ce que faisait l'autre : les spécialités se sont trop multipliées au cours des dernières décennies. Nous avions néanmoins tout notre temps et tentâmes d'expliquer l'un à l'autre nos approches scientifiques et nos objectifs. À la fin de cette longue soirée, nous étions persuadés de pouvoir faire un bout de chemin ensemble – inédit, du fait de nos différences de culture scientifique. Nous décidâmes de tenter l'impensable : travailler ensemble sur un projet très précis, avec un objectif limité !

Mais nos collaborateurs respectifs n'avaient pas fait le même chemin que nous et ne réussirent pas à s'entendre ; ils n'avaient pas pris ce temps long, nécessaire à la réflexion. La vieille discrimination entre chimistes et physiciens se réveilla et provoqua des dissensions. Nos tentatives pour leur faire comprendre que l'on cherchait à faire progresser la science, sans être sûrs d'y arriver, ne les convainquirent pas. Nous décidâmes de renoncer à ce projet qui aurait pu être porteur, car nous étions incapables de gérer un tel conflit. Mais nous restâmes de bons amis. Philippe est, un peu comme moi, isolé de sa communauté, assez marginalisé, mais qu'importe…

Un jour où je reçus une décoration, des années plus tard, c'est lui qui officia. Il n'avait pas préparé de discours, mais eut la courtoisie de me mettre en valeur, *via* nos indices de citation respectifs, alors qu'il n'y avait pas de comparaison possible : Philippe avait obtenu le prix Nobel ! J'ignore si l'assistance saisit que, ce que l'on aime, lui et moi, c'est partager nos petits problèmes de Lego. Or, cet amour de la recherche n'a pas besoin de longs discours…

Avec Jean-Philippe, mon grand frère scientifique, une réelle amitié s'était nouée. C'est lui que j'allais déranger lorsque je devais réfléchir à un problème, lui à qui je donnais mes projets à lire et à critiquer. Il savait calmer mes angoisses, quand mes tutelles me faisaient des difficultés. Mais il dut prendre sa retraite anticipée pour des réglementations qui n'ont guère de sens : ses années d'études à l'ENS avaient été comptabilisées comme des années d'activité scientifique et, sans ménagement, on lui demanda de quitter son laboratoire en quelques heures. Plus préoccupé par le développement de ses travaux que par ses annuités, il ne connaissait pas la loi et resta médusé, perdu. On lui arrachait son Lego ! Il disparut des radars de la communauté scientifique et tourna la page. Mais je tenais à le retrouver et dénichai le téléphone de sa mère, qui accepta de me confier son numéro, tout en me précisant qu'il ne souhaitait guère renouer avec ceux qu'il avait côtoyés au centre. Cela lui était trop difficile. Je tentai tout de même de le revoir, mais compris le mal que cela lui faisait. Ma présence, en lui rappelant les bons moments du passé, était trop douloureuse. Dommage… Je garde beaucoup d'affection pour cet homme, ce grand scientifique. Mais nous l'avons déjà vu avec Hallami : perdre son Lego est terrible.

Il y a ainsi des amitiés cimentées autour de cette même passion qu'est la science.

Une famille solidaire

Nommée professeur à l'université, je dois créer en son sein un groupe de recherche. Je décide qu'il sera complémentaire de celui du centre. Ainsi, le groupe se dispersa entre les deux lieux, en fonction des expériences en cours.

Néanmoins, nos dirigeants considérèrent que toutes ces unités de recherche diluaient les moyens et les responsabilités (le tableau Excel est vraiment un handicap !). Ils souhaitaient donc que ce laboratoire s'associât à de plus grosses unités, afin de former un institut conséquent. Or, j'étais convaincue que si notre unité rejoignait une structure plus importante, elle perdrait son efficacité et il serait impossible de poursuivre une recherche de pointe. L'extension des instituts ne favorise pas les échanges, indispensables à l'avancée des travaux, et l'on est paradoxalement plus isolé dans une grande structure. Alors que le chercheur est souvent « à fleur de peau » et qu'il est primordial de gérer les problèmes humains, avant qu'ils ne deviennent insolubles. Cette dissolution programmée de l'unité fut, de toute façon, rendue difficile par les multiples prix scientifiques internationaux dont j'avais été honorée. Récompenses qui étaient, bien sûr, liées à tout le groupe : sans eux, il n'y aurait pas eu grand-chose. Je réussis donc à convaincre les autorités de nous laisser travailler et développer une recherche de haut niveau, en restant petits – et sans grand financement. J'eus la chance qu'elles comprennent ma démarche et soient capables de changer d'avis face à des arguments intangibles. Je leur en suis très reconnaissante. J'en connais qui ne reviennent jamais sur leurs décisions, quels que soient les arguments présentés : ils sont trop loin de la science. Ce sont les mêmes qui me décourageaient de fabriquer des nanomatériaux...

Je ne considérais pas la direction de cette unité comme une fin en soi, mais comme une sorte d'assemblage ! C'était cet assemblage, cette grande proximité entre nous qui nous permettaient de gagner. Je travaillais plutôt à la mode américaine, comme je l'avais appris à Georgia Tech (Atlanta). Je mêlais les dotations apportées par l'État à mes crédits personnels – indemnités de recherche ou différents contrats. Contrairement aux règles en vigueur dans les unités de recherche, il n'y avait pas de conseil de laboratoire. C'était l'assemblée générale de l'unité qui constituait ce conseil et gérait le budget : qui avait besoin de quoi ? qui allait se rendre à quel congrès cette année ? Etc.

Je passais aussi un temps très limité sur les rapports demandés par nos autorités. Mes collègues n'appréciaient guère et me faisaient quelques réflexions plus ou moins agréables. J'admets que ce comportement n'était pas correct, mais l'on perdait beaucoup de temps sur des écrits qui n'étaient que rarement lus. En revanche, je m'investissais beaucoup auprès de chaque membre de l'équipe, afin qu'il se sente dans les meilleures conditions de travail et puisse partager avec les autres ses résultats, ses angoisses et ses joies... Une belle harmonie régnait donc au laboratoire, bien que l'on eût parfois à trouver des subterfuges pour parvenir à une telle convivialité. L'information circulait à travers le groupe, et pas forcément à travers moi. Ce qui était parfait ! J'apprenais souvent que deux personnes avaient mis leurs connaissances en commun pour avancer, sans être venues m'en parler. Le reste du temps, je le passais à partager avec l'équipe nos problèmes de recherche. Cette grande proximité nous permettait de ne pas nous arc-bouter sur une hypothèse, mais d'observer les phénomènes avec plus de liberté. Chacun présentait une fois par mois ses résultats et, une autre fois, nous discutions des articles publiés et lus. Ces deux activités nous occupaient entre deux et quatre jours par mois. Vu la quantité d'articles publiés, il est impossible de tout parcourir. Ainsi, chacun de nous – chercheurs, techniciens, étudiants et directrice – lisait une partie des articles pour parvenir à suivre les résultats publiés dans notre domaine. Il arrivait ainsi que l'un de nous soit tombé sur un article qui pouvait apporter une solution au problème de l'autre. Nous étions d'ailleurs tous au courant du travail de chacun. Encore quelque chose qui ne peut se faire dans un grand institut.

Plusieurs chercheurs vinrent, à des périodes différentes, me dire combien ils appréciaient ce mode de fonctionnement. Si l'un d'entre nous n'adhérait pas à une information que nous considérions pourtant tous comme acquise et s'il souhaitait la vérifier, personne ne l'empêchait de prendre le temps nécessaire à la compréhension des systèmes, même si cela entraînait un ralentissement du projet.

Xia, l'un des chercheurs du laboratoire, n'arrivait pas à obtenir des résultats reproductibles. Je demandai donc à Cao, un autre chercheur, s'il pouvait refaire la même expérience à partir de produits neufs. Cao et Xia obtenant des résultats différents, nous décidâmes, en commun, que tous les chercheurs confirmés du laboratoire feraient la même expérience, le même jour, avec des produits commandés séparément. Les résultats n'étaient pas reproductibles. Inutile de s'acharner. Xia arrêta ce projet pour repartir sur un autre. Là aussi, ce genre de choses ne peut se faire que dans une petite unité, car nous sommes tous dans le même bateau. Et ce fut une belle aventure, qui créa des liens : Xia, désormais professeur en Australie, et Bernard, professeur à Lyon, viennent d'établir une collaboration qui s'avère fructueuse.

Enfin, je n'hésitais pas à venir au laboratoire avec Darwin, le caniche de ma fille, qui refusait de rester seul à la maison. Et je découvris qu'un animal mascotte favorisait la convivialité, ce qu'un sociologue me confirma. Un jour, pourtant, je rencontrai un collègue, qui me demanda si je connaissais Untel, je lui répondis : « N'est-ce pas celui qui vient de temps en temps avec son chien ? Entre propriétaires de chiens, on s'entend bien ! » Et là, il m'asséna : « Non. Lui, c'est un homme sérieux... »

Tous les quatre ans, nous devions présenter un bilan à un comité d'experts chargés d'évaluer le travail effectué, de faire des commentaires sur l'évolution des recherches et de décider de l'avenir de l'unité. Cela commençait par une présentation de la politique scientifique du laboratoire par son directeur, suivie de présentations ciblées sur les thèmes majeurs, assurées par les membres de l'équipe. Le comité d'évaluation discutait ensuite en face à face avec les services techniques, les chercheurs, les étudiants, puis le directeur. Il pouvait ainsi prendre « la température » de l'unité, en l'absence de son responsable. Comme la nôtre était petite, je proposai au président du comité que l'ensemble des membres du laboratoire, sans distinction de grade, participe à ce face-à-face. Voilà, donc, toute l'équipe devant le comité, sans que je sois présente. Après plus d'une heure d'entretien, le groupe se précipita dans mon bureau, certains très en colère. Ils ne cessaient de répéter : « Mais de quoi se mêlent-ils ? » J'appris que François, l'un des membres du comité, m'avait attaquée en leur disant que je les empêchais de se réaliser, qu'il leur fallait réagir et me mettre à l'écart. Quelques minutes plus tard, c'était à mon tour de me présenter devant le comité, sachant que des propos désobligeants avaient été tenus à mon égard, dont j'avais eu un bref aperçu. J'en étais d'autant plus étonnée que ces comités se déroulaient généralement dans une très grande courtoisie.

Il se trouve, qu'à l'inverse de ce qui se faisait habituellement à l'université, je recommandais aux techniciens de mon groupe d'évoluer et, éventuellement, de préparer une thèse. Mais ce n'était, bien sûr, qu'une recommandation, pas une obligation. Certains le faisaient, d'autres pas. Or, ce n'était guère apprécié des collègues qui craignaient, à tort ou à raison, que ces personnels ne finissent par s'aigrir. Il me semble, au contraire, que plus on avance dans le savoir, plus on évite les actes répétitifs, plus on s'intéresse aux travaux et plus on est heureux. Cette question fut bien sûr discutée devant le comité. J'expliquai les raisons qui me poussaient à proposer ce projet aux techniciens. Et j'en profitai pour m'adresser à François : « Vous voyez, mon but est de leur transmettre ma passion, plutôt que de les laisser stagner. » Comprenant que mon équipe avait eu le temps de me mettre au courant, le jury resta pétrifié. Plus tard, j'appris les détails de l'altercation. Devant l'attaque de François, Laure et Doris avaient répondu : « C'est à Marie-Paule que nous devons la qualité du travail que nous venons de vous présenter ! C'est vrai qu'elle est exigeante, mais elle nous donne du courage et, après tout, cela nous regarde, nous sommes adultes ! » Le reste du groupe avait approuvé. Il me fut rapporté que le comité avait été extrêmement frappé par la virulence du soutien de ces deux jeunes femmes et la fidélité globale de l'ensemble du groupe. On m'avait même demandé ce que je leur avais fait pour qu'ils soient si solidaires ! Je l'ai pris comme l'un des plus beaux cadeaux que j'aie jamais reçus. Sans la jalousie de François, je n'aurais pas eu le bonheur d'apprendre ce que mon équipe pensait de moi.

François avait néanmoins introduit le ver dans le fruit. Cette belle pomme a fini par pourrir de l'intérieur sans même que je m'en aperçoive. Il y avait peut-être trop d'affect entre nous et les ruptures sont parfois nécessaires pour grandir, se dépasser et mieux comprendre à quel point le savoir peut être une « drogue ». Ou, plus simplement, pour avoir envie d'autre chose et d'une vie plus tranquille.

Quelques années plus tard, Philou prit la direction du laboratoire et je redevins simple chercheur dans l'unité que j'avais créée.

Se libérer par la contrainte

Le succès dérange et on lui oppose souvent des obstacles. Ceux-ci, par chance, s'avèrent parfois un tremplin vers d'autres succès, encore plus nets que les précédents.

En France, contrairement au reste du monde, quand vous créez votre propre unité de recherche, votre mandat en tant que directeur est limité à huit ans. Mais si, pour une raison valable, vous changez le nom de cette unité, ce mandat peut être prolongé une fois avant que vous ne soyez de toute façon remplacé à la tête du laboratoire. Cette décision change les dynamiques de transformation indispensables à une recherche de qualité. En effet, la recherche est un temps long et il devient difficile au directeur de lancer de nouvelles thématiques ou de mettre en place une vraie politique à long terme, s'il n'est aux commandes que quelques années. Ce système bloque toute impulsion vers de nouvelles thématiques. Afin de compenser ce manque, les organismes attribuent aux directeurs la responsabilité de gérer la totalité des sommes allouées aux membres du laboratoire, peu importe la provenance des fonds. Donc, en clair, si le directeur veut laisser au chercheur une certaine liberté financière, indispensable au développement d'une recherche constructive, il le peut. Mais, à l'inverse, il est aussi en mesure de supprimer le financement d'une recherche, et ainsi perturber le travail et la carrière du chercheur concerné. Ainsi, quand il n'est pas soutenu par sa direction, un chercheur est démuni. Il ne lui reste plus qu'à changer de laboratoire (ce qui est assez mal perçu par la communauté) ou à prendre des vacances anticipées. Un directeur peut donc entraver une recherche, mais peinera à encourager de nouvelles thématiques...

Il existe néanmoins, depuis une dizaine d'années, une institution créée par la Commission européenne, qui attribue une aide financière conséquente, pour une durée de cinq ans, à un porteur de projet dit « d'exception ». Ce projet doit être innovant, considéré comme infaisable et convaincre le jury que son porteur est le seul à pouvoir le réaliser ! Cette offre, extrêmement sélective, présente beaucoup d'avantages : la dotation est comprise entre 2 et 2,5 millions d'euros ; il donne au chercheur une très grande liberté d'action et lui laisse le choix de l'institut européen où il souhaite travailler. La Commission européenne verse à l'organisme d'accueil une partie de l'aide dès l'acceptation du projet, et contrôle les sommes dépensées tous les dix-huit mois. En échange de quoi, l'organisme peut prélever une partie non négligeable sur le budget du projet. Pour un chercheur, se voir attribuer ce financement revient à recevoir un prix scientifique ; être choisi comme institut d'accueil est également une preuve de qualité de la recherche qui y est menée.

Philou, l'un de mes anciens collaborateurs, devint directeur du laboratoire. Et il décide de bloquer toutes mes commandes, mes remboursements de mission, etc. Je compris très vite qu'il souhaitait conserver l'ensemble des crédits pour d'autres recherches que les miennes, peu importe à qui ils avaient été attribués. J'appris même qu'il avait fait supprimer mon nom, pour y substituer le sien, comme responsable d'un projet européen que j'avais obtenu avant qu'il ne fût directeur. À l'évidence, mes recherches n'étaient pas prioritaires. L'enfant tue le père ou la mère pour exister ! Dans de telles conditions, je n'avais qu'une alternative : soit j'arrivais à obtenir ce financement « magique » de la communauté européenne, soit je pouvais me mettre en vacances, puis partir à la retraite. Mais la contrainte me stimule ! L'expérience acquise m'avait aguerrie. Je me dis, comme toujours, que je n'avais rien à perdre et tout à gagner. J'allais me lancer dans une nouvelle aventure : on recommence et on essaie d'avancer. J'étais seule face à moi-même, comme après mon retour de Suisse, des années plus tôt.

Pour tenter ma chance *via* le programme spécifique de la Commission européenne, il me fallait donc porter un projet neuf, qui devait être dans la continuité des études précédentes. Que de travail pour parvenir à identifier un tel projet, puis le coucher sur papier et le rendre attractif, crédible, tout en montrant les obstacles potentiels à surmonter, mais aussi les chances d'aboutir ! La question que je finis par poser était la suivante : l'ordre des atomes dans un nanocristal (10^{-9} m) peut-il modifier les propriétés chimiques et physiques de l'assemblage de nanocristaux sur une échelle du micromètre (10^{-3} m) ? C'était une vraie gageure : comment fabriquer, par voie chimique, des nanocristaux ayant une structure cristalline bien déterminée, et être capable de les sélectionner en fonction de l'arrangement des atomes dans les nanocristaux ? Je devais, en quelque sorte, manipuler les atomes des nanocristaux, en me rappelant ce que disait Franck : « Vous, les chimistes, vous utilisez des produits sales et vos produits sont pleins d'impuretés »... Il fallait, en outre, assembler ces nanomatériaux en trois dimensions selon une structure cristalline. On avait donc deux niveaux de structures cristallines à contrôler, l'une à l'échelle du nanomètre et la seconde à celle de quelques dixièmes de micromètres... Le projet déposé était ambitieux et je dois confesser que je n'étais pas sûre d'atteindre mon but, tant il y avait de contraintes. Or, il fut accepté : c'était magnifique ! Néanmoins, la peur d'échouer réduisit cette profonde joie que je ressentais d'avoir su convaincre, d'être reconnue par mes pairs et d'être en partie sortie de mes difficultés. Je précise en partie car Philou, en tant que directeur de mon laboratoire, allait avoir la main sur la partie financière de mon projet. Une lutte risquait d'avoir lieu pour la dépense des sommes colossales que je venais de décrocher. Or, je devais tout faire pour gagner et, ainsi, rendre à la communauté ce qu'elle me donnait. Je n'avais jamais disposé d'autant d'argent pour travailler. Et j'étais consciente d'être à des années-lumière du succès ! Je décidai donc de ne laisser personne entraver ce projet qui me donnait des ailes. J'avais pris à mon compte, depuis longtemps, la devise de l'université de Chalmers : « Avancer ». Pour mener à bien cette recherche, il me fallait me débarrasser des contraintes imposées par mon organisme pour la gestion des fonds attribués par la Commission. En bref, Philou ne devait plus avoir accès à mes comptes. La Commission me laissant libre du choix de mon laboratoire d'accueil et sachant que celui-ci allait récupérer beaucoup d'argent, j'allai voir le président de mon université. Je lui expliquai la situation et lui demandai qu'une personne externe au laboratoire puisse gérer cet argent. Ce qui est à l'opposé de ce qui est habituellement admis. Mais j'avais la chance que le président soit susceptible de comprendre une telle situation. Il saisit que je souhaitais juste travailler et qu'on me laisse faire. Il n'ignorait pas non plus que je pouvais partir développer cette recherche ailleurs et que, dans ce cas, l'université perdrait une importante somme d'argent. Toutes ces raisons firent qu'il décida que ce seraient ses services qui géreraient mon contrat. J'étais enfin libérée de toute contrainte, sinon de réaliser l'irréalisable.

Comme, pour ce programme, l'annonce des projets sélectionnés est publique, plusieurs personnes demandèrent à venir faire une thèse dans mon groupe, avec leur propre financement. Je pus également engager des postdoctorants. C'était donc le début d'une nouvelle aventure, aux côtés de chercheurs de qualité. Chacun de nous avait l'impression de participer à la réalisation d'un projet important, et faisait preuve de beaucoup de courtoisie envers les autres. Ce fut une période heureuse, de travail dans la quiétude et, surtout, de succès. Car oui, avec un peu de hasard et de chance, mais aussi beaucoup de ténacité, nous parvînmes à nos fins ! Il est effectivement possible de fabriquer des nanomatériaux de structure cristalline bien définie, de les assembler et d'observer des propriétés exceptionnelles, liées à l'ordre des atomes dans les nanomatériaux utilisés comme brique élémentaire pour leurs assemblages. J'étais fière, également, d'avoir réussi à recréer une atmosphère digne d'une vraie famille.

Cette épopée n'aurait jamais eu lieu si je n'avais rencontré une telle obstruction à ma recherche. La contrainte est donc bien source de création. Cela révèle également à quel point, dans la recherche, comme dans bien d'autres domaines, l'être humain peut être jaloux et, sûrement, malheureux. L'envie est un poison. Ceux qui en sont prisonniers ronronnent, ne s'intéressent qu'aux sommes dépensées pour mener à bien un projet, sans jamais connaître le bonheur de créer.

Ce projet ouvrait la porte à toute une série d'expériences qui pouvaient être réalisées un jour ou l'autre et, sans doute, générer de belles premières scientifiques. Mais j'étais tentée par une nouvelle aventure ! Le virus était là ! Ne jamais s'enliser dans la routine, même si elle est prometteuse. Me revoilà partie vers d'autres horizons, toujours dans la lignée des précédents : travailler sur l'utilisation de ces assemblages à des fins biomédicales. Cela nécessitait une réelle avancée technologique – un vrai challenge ! Au laboratoire, plusieurs personnes essayaient différents systèmes et l'on tâtonnait. Cela ne fonctionnait pas bien. L'un d'eux, un jeune Chinois, vint me dire : « Pourriez-vous m'expliquer clairement ce que vous cherchez ? » (Et, sans le dire, à quoi je jouais...) Cette attitude est extrêmement rare, les jeunes chercheurs se contentant en général d'exécuter ce que l'on leur demande. Je lui décrivis donc mon nouveau projet. Quelques semaines plus tard, il me montra ses résultats : c'était exactement ce que je voulais ! Un vrai scientifique était né. Il n'avait pas attendu longtemps, mais travaillait comme un fou. Il avait saisi les enjeux. J'étais très impressionnée par sa maturité, mais il avait été formé en conséquence – ni état d'âme, ni considération existentielle, juste l'envie d'être le meilleur : ce qu'il est. Il fait partie de la deuxième catégorie de chercheurs dont me parlait Laszlo : ceux qui courent après un rêve. Le relais était transmis. Il allait sans doute faire une belle carrière, et j'en étais fière. Il a, du reste, été choisi parmi les mille jeunes chercheurs chinois les plus talentueux pour l'année 2019. Dommage qu'il ne soit pas français ! Cela m'aurait remplie de joie, mais qu'importe. La science est universelle.

Tensions et apaisement

Cette famille, comme toutes les autres, n'était pas parfaite. Il m'est, d'ailleurs, arrivé de me sentir abandonnée par l'un de mes enfants scientifiques, pour des raisons liées à une incompréhension ou à leur jeunesse. Mais le temps a apaisé les choses. Je ne m'étais pas trompée sur leurs qualités intrinsèques.

Nahim était un jeune Algérien gentil et courtois, venu en France pour ses études. Il parlait parfaitement notre langue, mais ne l'écrivait pas très bien. Il se présenta un jour, au laboratoire, pour me demander de diriger sa thèse. Il précisa avoir pris un petit boulot, le soir, pour financer ses études. Ce courage me séduisit et j'acceptai. N'étant pas français, il ne pouvait avoir accès au centre de recherche et travaillait donc dans le groupe restreint que j'avais créé à Paris, dans des conditions nettement plus difficiles. Mais c'était un vrai plaisir de collaborer avec cet homme toujours de bonne humeur ! Il commença à développer un nouveau sujet, sans la moindre assurance sur les résultats. Nous avancions à tâtons car nous n'étions sûrs de rien. Les techniques développées étaient totalement nouvelles pour nous deux. Nous pénétrions dans un nouveau domaine scientifique, très compétitif et agressif, car les enjeux d'application y étaient importants. Nous progressions donc pas à pas, en tentant d'éviter les coups. Or, la chance nous sourit et Nahim réalisa une belle première scientifique, qui allait avoir de nombreuses applications.

Un jour de juin, je me trouvai à Palerme et Raymond, un ami américain, me demanda si, dans mon laboratoire, il n'y aurait pas un étudiant de qualité qui voudrait venir faire un stage postdoctoral chez lui, à Potsdam. Il pourrait travailler sur un projet commun. J'appelai immédiatement Nahim et je lui demandai si cela l'intéressait. « Oui, c'est mon rêve », me répondit-il. Voilà une affaire conclue. Raymond y mit cependant une condition : Nahim devait être à Potsdam au début du mois de janvier suivant. Malheureusement, il n'avait pas terminé les expériences et devait ensuite rédiger sa thèse. C'était une gageure que d'imaginer un tel effort en quelques mois. À mon retour, je lui proposai d'annuler ses vacances et moi les miennes pour essayer de relever ce défi. Je me renseignai, en outre, auprès des autorités de mon université afin de savoir s'il pourrait présenter sa thèse sous forme d'articles, pour que l'ensemble du travail puisse être publié. J'obtins l'accord de l'université. Nous pûmes donc commencer à écrire les articles. À partir du mois de juillet, nous travaillâmes plus de douze heures par jour – ce qui crée des liens. Et, fin septembre, tout fut envoyé aux journaux pour publication. Il restait à Nahim à rédiger un chapitre d'introduction, ainsi que les remerciements et, à moi, de proposer un jury, que je choisis en fonction de la thématique. J'invitai un collègue étranger, rencontré lors d'un congrès en Inde et spécialiste du domaine.

La thèse fut déposée et Nahim attendit les commentaires des membres du jury. Deux des personnalités nommées, appartenant au même institut – l'une en était même la directrice –, tardaient à donner leur accord pour la soutenance. Comme nous nous approchions de l'échéance, je téléphonai à l'une des deux, pensant qu'elles étaient débordées et avaient oublié la date limite. Mais, à ma grande surprise, elle me dit qu'il n'était pas question, pour son collègue et elle, de donner leur accord car une thèse sous forme d'articles n'était pas acceptable. Je lui fis remarquer que ceci relevait d'une décision prise par l'université qui décernait le diplôme. Ils devaient délivrer un avis scientifique, mais ne pouvaient se substituer à l'université. D'autant qu'entre-temps, tous les articles avaient été acceptés pour publication dans d'excellents journaux. Nous avions donc l'approbation de la communauté scientifique internationale. La directrice souhaita finalement recevoir Nahim et lui donna un rendez-vous vingt-quatre heures avant la date limite de dépôt de la soutenance. Comme une grève générale paralysait le pays, je lui rappelai que le déplacement jusqu'à son laboratoire – situé à vingt kilomètres de Paris – risquait d'être difficile : plus de train, une vague de froid intense... mais elle maintint son rendez-vous. Le jour dit, je déposai Nahim en voiture. Il rencontra la directrice de l'institut et son collègue, qui ne lui firent aucun commentaire scientifique. Elle avait simplement corrigé les fautes de français dans les remerciements. Mais tous deux émirent la condition, pour donner leur accord, de présenter un résumé en français pour chaque chapitre. Or, il restait moins de vingt-quatre heures pour réaliser ce travail. Elle lui affirma : « Vous n'y arriverez pas. » C'était, en effet, mission impossible, sans nos énergies cumulées. J'appris la nouvelle à 19 heures par un Nahim désespéré. Tous ses espoirs s'envolaient. Mais je décidai que l'on allait faire ce travail pendant la nuit. Nous terminâmes les résumés à 5 heures du matin et Nahim les envoya par mail à ces deux individus au comportement assez indigne. Nous étions épuisés. Quand je le reconduisis chez lui, il m'avoua : « Madame, j'ai beau être musulman, ce soir j'ai vraiment eu envie de boire de l'alcool… » Il partit se coucher. Moi, j'avais cours à 8 h 30 en amphithéâtre, devant 200 étudiants ; je dois confesser que, ce matin-là, je ne fus pas d'une grande clarté… Mais Nahim put enfin soutenir sa thèse. Juste avant Noël, il décrocha son diplôme et s'envola vers de nouvelles aventures.

Nous restâmes évidemment en contact. Il fut très choqué que l'université de Potsdam l'oblige à signer une décharge selon laquelle il s'engageait à ne pas la poursuivre s'il était atteint physiquement lors d'un accident au sein du laboratoire. Raymond souhaitant que Nahim puisse travailler sur un sujet en collaboration avec moi, je lui expliquai qu'il ne courait aucun danger. Et il fit là-bas un excellent travail.

Puis il souhaita revenir en France travailler avec moi. Je lui proposai de soumettre sa candidature au CNRS et rentrai plus tôt d'une conférence pour l'aider à préparer son audition. Il obtint un poste de chargé de recherches. Nous en étions ravis, mais un problème émergea. Nahim avait un fils qui, né aux États-Unis, avait obtenu la nationalité américaine ; or, sa femme attendait un second enfant. Et ils souhaitaient que ce bébé ait lui aussi la nationalité américaine. Il leur fallait donc attendre sa naissance pour rentrer en France. Comme je collaborais avec Raymond, je lui proposai que Nahim reste chez lui et poursuive nos travaux, le temps que ce bébé naisse. Raymond accepta. Mais ce que Nahim ne m'avait pas dit, c'est que le bébé devait rester aux États-Unis six mois après sa naissance, pour obtenir le sésame américain. Cela représentait un grand délai d'absence et nous étions soumis à la réglementation française : Nahim devait rejoindre Paris dès la naissance du bébé. Il refusa. Je lui demandai alors de démissionner. Ce qu'il fit. Pourquoi ne pas m'avoir dit simplement la vérité et les conditions d'obtention de la nationalité américaine ? J'avais la sensation d'avoir été trompée et manipulée. Ma réaction fut donc brutale : je ne voulais plus le voir. J'appris quelque temps après, par Raymond, que Nahim avait gagné à la loterie la nationalité américaine ! Il resta donc aux États-Unis, pour travailler chez IBM, à New York.

Les années passèrent et, un jour, le voilà qui débarque dans mon bureau, à Paris. En le voyant, je ne pus m'empêcher de m'exclamer : « Ça alors, le retour de l'homme malhonnête, qui m'a trompée !... Vous venez voir si je suis toujours vivante ? » Ma colère était intacte. Pour lui, j'avais consenti trop d'efforts, trop de sacrifices, et pour quel résultat ! Je lui proposai tout de même de s'asseoir et de m'expliquer son comportement. J'avais beau lui en vouloir, il y avait prescription et je lui gardais une certaine affection. Nahim m'avoua qu'il avait trop souffert, en France et aux États-Unis, de n'avoir que la nationalité algérienne et qu'il n'avait pas voulu cela pour ses enfants. Je le comprenais, évidemment. Mais il aurait été si simple de me le dire et de ne pas me donner la sensation d'avoir été leurrée... Nous nous quittâmes en de bien meilleurs termes. Il me donna ses coordonnées à New York et me dit de le prévenir quand je serais de passage dans cette ville mythique. Je n'en fis rien.

Très récemment, il m'a envoyé un mail pour me demander de mes nouvelles. J'ai vu qu'il avait obtenu un superbe job dans une université du Texas. C'est ça, l'Amérique ! Passer du privé au public, et vice versa, y est facile. Il m'a invitée à venir faire une série de conférences à Austin. Ce qui n'a pu être possible, la Covid étant passé par là !

Après plusieurs années à mes côtés, Laure avait obtenu un poste de professeur dans une université parisienne. C'était la première de l'équipe à être promue à ce niveau. Je lui maintins l'accès au laboratoire, le temps qu'il lui faudrait pour s'installer. Laure était évidemment très heureuse de sa nomination, elle avait fait tout ce qu'il fallait pour l'obtenir et le méritait. Mais les autres semblaient un peu jaloux car elle était la plus jeune de sa promotion à être reconnue par la communauté scientifique. À chacun sa chance, mais tout le monde ne pensait pas la même chose. Les premiers temps, tout se passa bien. Puis, peu à peu, Laure fit sentir aux autres qu'elle réussissait et se comporta au laboratoire comme en terrain conquis. L'atmosphère si harmonieuse se tendit. Beaucoup vinrent se plaindre de son comportement. Je la mis en garde, mais rien ne changea. L'ambiance devint irrespirable et les résultats commencèrent à en pâtir. Je dus donc prendre la difficile décision de demander à Laure de quitter le laboratoire. Elle partit avec beaucoup d'animosité contre moi... Une dizaine d'années plus tard, je la rencontrai à un congrès, à Cancún. Elle paraissait toujours aussi en colère. Puis, récemment, nous nous retrouvâmes à Liverpool. L'un de mes amis me complimenta sur la réussite de Laure, je lui répondis n'y être pour rien, que tout était lié à sa valeur – ce qui était vrai. Elle m'en remercia et l'on passa la soirée ensemble, à se faire des confidences... La vie n'est simple pour personne, même en sciences. Mais je crois qu'elle a enfin compris les raisons de ma décision.

Rashi vint me demander de faire une thèse dans mon laboratoire, mais il n'avait pas de financement. Je refusai. Rashi m'expliqua alors que Marius, un collègue, lui avait promis six mois auparavant une bourse, qu'il ne lui avait jamais attribuée. En attendant, il travaillait comme débardeur dans un entrepôt. Il me tendit son CV, que je pris. Il se trouve que j'avais rendez-vous avec Marius ; à la fin de notre entretien, j'en profitai pour lui parler de Rashi. Il me dit avoir, en effet, une dette envers ce jeune homme. Je m'étonnai qu'il se fût ainsi engagé sans être sûr de lui. Qu'aurait-il dit si l'on avait fait cela à son fils ?

Le comportement de Marius me commanda de prendre Rashi et de lui laisser préparer sa thèse, en travaillant à côté. Et tout se passa bien. Quand je disposais de petits budgets, je lui en faisais profiter, mais cela restait limité. Nous errions dans un labyrinthe. Nous ne savions pas où nous allions, avec des résultats que nous ne comprenions pas. Nous nous sentions un peu perdus, mais n'ignorions pas que personne n'avait fait cette étude et que quelque chose d'important se cachait derrière ces résultats. Après bien des efforts, nous les comprîmes, Rashi passa sa thèse et j'obtins pour lui une position postdoctorale au centre de recherche. Il était désormais bien payé. À mon grand étonnement, il s'acheta une superbe voiture d'occasion ; c'était son rêve...

Je décrochai alors un poste de maître de conférences pour développer une nouvelle thématique. Il me sembla normal que Rashi fût candidat. Il obtint le poste. Comme il était embauché sur une nouvelle thématique et qu'il commençait sa carrière, il était important qu'il développe un nouveau projet. Il avait tout son temps devant lui. Il poursuivit néanmoins, en collaboration avec Amandine, une stagiaire, son travail de thèse. Or, Amandine était d'une ambition démesurée et prête à le marginaliser ; à l'évidence, ils se détestaient. L'une n'avait qu'une envie, le déposséder, l'autre avait l'impression de l'être déjà, alors qu'il avait été le premier et que personne ne pouvait le lui enlever. Mais Rashi souffrait de devoir partager sa thématique. Une fois titularisé, il quitta le laboratoire et le matériel dédié à sa nouvelle orientation disparut. La France est le seul pays au monde où, après un an de stage, le personnel peut se permettre de déstabiliser une recherche ! Rashi ne donna aucune explication et je ne pus rien faire. Nous dûmes abandonner cette nouvelle thématique…

Quinze ans plus tard, il demanda à me rencontrer et m'envoya un message extrêmement touchant. Je décidai de le retrouver dans un café parisien. Il n'avait pas changé. Il me donna de ses nouvelles et m'expliqua qu'il n'avait pu accepter qu'Amandine lui ait pris son travail. Je lui rappelai que son poste avait été attribué pour développer une nouvelle thématique et que, au début d'une carrière, il est primordial de changer de sujet de recherches, tout en continuant à développer sa propre thématique avec quelqu'un. D'autant que celle-ci commençait juste à émerger. Je lui précisai que, s'il n'était pas parti, il aurait été le premier au monde à faire ces expériences et serait aujourd'hui professeur. Rashi fondit en larmes. Il n'avait pas compris et je n'avais pas pris le temps de lui expliquer les raisons de ce changement de sujet de recherches. Il s'était senti pénalisé, alors que mon but était de le faire grandir. Ce malentendu nous avait fait souffrir et avait abouti à un échec, quand nous aurions pu gagner ensemble. Cela montre à quel point les chercheurs sont vulnérables et ont besoin d'échanger. Même dans une petite unité, il arrive que l'on ne discute pas assez et que cela fasse perdre pied à certains… Que de dégâts pour un malentendu !

Les femmes en sciences

Les femmes en sciences sont considérées différemment selon les pays. Voici simplement ce que, moi, j'ai vécu.

En tant qu'administrateur d'un institut, j'organisais tous les ans la cérémonie d'entrée des nouveaux nommés, qui avait lieu dans un prestigieux amphithéâtre parisien. À cette occasion, j'invitais deux conférenciers. Une année, je fis venir Ben, un membre suédois du comité Nobel, afin qu'il nous explique les procédures de sélection. Il commença par se livrer à un bilan des prix Nobel, depuis sa création. Devant trois cents personnes, dont un tiers de femmes, il dit : « Les hommes et les femmes sont égaux en droits, mais les hommes sont nettement plus intelligents que les femmes car le comité Nobel nomme infiniment plus d'hommes que de femmes. » En effet, à l'exception des prix Nobel de la paix, il y a 96 % d'hommes et 4 % de femmes primées. Un brouhaha se fit dans l'assistance, chacun allant de son commentaire plus ou moins audible. À la fin de la présentation, j'annonçai, afin d'éviter les questions virulentes à notre invité, que l'assemblée pourrait s'entretenir avec lui lors du cocktail organisé après la cérémonie. Ben fut évidemment pris d'assaut par toutes les femmes présentes. Beaucoup me reprochèrent de l'avoir invité. Il me semble pourtant qu'il est important de savoir ce que les gens pensent, plutôt que de l'ignorer.

Quand je rapportai les propos de son compatriote à Per, mon ami suédois, il me répondit que c'était de l'ironie – mais personne ne l'avait compris ainsi, surtout quand les chiffres parlent d'eux-mêmes…

Depuis quelques années, de nombreuses scientifiques ont lancé des pétitions exigeant que le nombre de femmes nommées augmente. Quelques efforts sont faits, mais la route sera encore très longue avant que le comité Nobel se décide à sélectionner des femmes. Ces deux dernières années, une femme par an a été nommée.

Je déjeunais avec Pierre-Marie, un grand professionnel pour qui j'ai une profonde estime et amitié. Un honnête homme. Il me dit qu'il avait fait nommer Lucie dans un comité scientifique important. Elle ne faisait plus de recherche depuis plus de vingt ans, mais donnait son avis, avec un certain mépris, sur les autres scientifiques. Étonnée, je lui demandai : « Pourquoi n'as-tu pas pensé à moi ? C'est un comité intéressant… » Il me répondit du tac au tac : « Ah non ! Toi, on ne te prendra jamais pour une telle mission, car tu es capable de donner ton avis et qu'on veut la paix… Il nous fallait la parité. Or, Lucie est toujours d'accord sur tout. Elle est donc parfaite pour ce rôle. » C'est une façon de voir les choses qu'on retrouve souvent, en particulier dans les conseils d'administration de grandes sociétés (femme de, sœur de, fille de, amie de...). La parité existe, mais les femmes très silencieuses sont plus appréciées. Lucie a donc été nommée présidente d'un des jurys européens qui distribuent des financements considérables.

Les plus grands prix scientifiques en France, en Allemagne et au Japon sont essentiellement donnés à des hommes qui sont, bien sûr, de grands chercheurs ; mais il existe aussi des femmes de talent, auxquelles on ne pense pas. Elles sont sous les radars.

En France, les jeunes femmes sont pourtant nombreuses dans nos laboratoires. Chez nos jeunes, la parité est donc largement assurée, mais elle s'étiole avec le temps, les plus hauts postes de la recherche étant principalement occupés par des hommes. Des efforts sont en cours mais, là aussi, la route sera longue avant d'atteindre la parité. Les deux tiers des professeurs d'université sont des hommes, alors qu'en début de carrière, la proportion hommes-femmes est de l'ordre de 50 %.

Pour éviter la promotion des femmes, les incivilités sont fréquentes. Je me contenterai de rapporter une seule anecdote, qui me semble d'un autre temps : la directrice de mon département, à l'université, ne voulait pas que je reste au centre de recherche, où je développai mon projet. Je ne sais si elle œuvrait pour l'intérêt de l'université ou parce que quelqu'un échappait à son autorité. Lors de l'évaluation du département, elle exigea donc du président et du vice-président du comité de me faire revenir à l'université – où je rappelle que l'on m'avait donné pour seul équipement une paillasse sous laquelle il y avait un radiateur ! Et ces messieurs s'exécutèrent. Il se trouve que, lors d'une réunion, j'eus l'occasion de les rencontrer. Je leur expliquai la situation et leur demandai simplement de me laisser travailler. « Accepté », me répondirent-ils. Agacée, la directrice me convoqua et me lança : « Mais que faites-vous à tous ces hommes pour qu'ils changent d'avis quand vous leur parlez ? » Éloquent, non ?

Les États-Unis d'Amérique sont l'un des pays au monde les plus favorables aux femmes scientifiques. Il y a de vraies égalité et parité entre Américains. Les comportements sexistes sont interdits et fortement condamnés. Il est cependant intéressant de constater que leur attitude vis-à-vis des étrangères reste très ambiguë. Lors de mes premiers séjours à Wolfeboro, j'eus beaucoup de mal à attirer l'attention des scientifiques sur mon travail. Toujours distants, ils se demandaient visiblement ce que je faisais là. Et je dois avouer que leur attitude m'était assez désagréable.

Dès que ma fille eut l'âge de venir avec moi, je l'y emmenai. L'organisation des ateliers était telle (conférences uniquement le matin et le soir) que je pouvais passer toutes mes après-midi avec elle et qu'elle nous rejoignait, le soir, au bar. Or, à partir du moment où je suis venue avec elle, les scientifiques américains ont compris que ma présence était motivée par la science et se sont intéressés à mes travaux ! J'aime donc à dire que je dois ma carrière à Vannina.

Précisons néanmoins que le comportement des Américains vis-à-vis des femmes scientifiques reste très correct. Pour autant, ils ne leur font pas plus de cadeaux qu'aux hommes.

En Allemagne et au Japon, les femmes scientifiques commencent à être visibles depuis une petite décennie, conséquence d'un effort considérable pour les faire émerger. Il y a quinzaine d'années, au Max Planck que je fréquentais, les seules femmes étaient les secrétaires et moi. Je pense, du reste, que Frank n'aurait pas été si désagréable avec Laure et moi, si nous avions été des hommes…

Kisu est Japonaise. Elle a consacré sa vie à son travail, avec acharnement et sans la moindre liberté. Elle a dû partir aux États-Unis, au Canada et en Suède, pour commencer à être reconnue par ses pairs japonais. Elle a aussi dû se comporter comme ses compatriotes les plus conservateurs pour décrocher, en échange, une toute petite place. Mais, depuis une dizaine d'années, le Japon a décidé de promouvoir les femmes. Elle a donc pu être intégrée à de nombreux comités, et promue. Mes collègues japonais hommes n'en comprennent pas la raison. Ils expliquent que leurs recherches sont de niveau comparable. Mais, étonnamment, il ne faut pas croire que Kisu ait eu envie de promouvoir d'autres Japonaises, bien au contraire… Son envie de puissance en a été décuplée et elle sait se mettre en valeur. Elle a ainsi organisé, récemment, un congrès international. Elle a eu la gentillesse de m'inviter et de me faire ouvrir le congrès. Et elle a eu le genre d'idées qui ne peut naître que chez ceux qui ont rêvé de pouvoir : elle a demandé au couple impérial d'ouvrir le congrès ! Mes collègues japonais en ont été stupéfaits. Ils n'auraient jamais osé. Mais elle, oui ! C'est ainsi que j'ai eu la chance, avec quelques autres, d'être présentée à l'empereur et à l'impératrice du Japon, qui m'ont impressionnée par leur extrême courtoisie et leur connaissance parfaite de l'actualité du pays de chaque personne qu'ils rencontraient... Kisu s'est jetée à corps perdu dans son travail. Elle ne quitte pas son laboratoire avant minuit et est de retour avant 7 heures. Elle a beau être devenue la patronne de ses anciens chefs, elle garde une déférence apparente vis-à-vis d'eux. Mais dans ce pays que j'adore, on n'est jamais sûr de rien.

Dans les pays nordiques et en Italie, rares sont les femmes scientifiques, bien que les décideurs tentent de les promouvoir. En Espagne, la recherche a commencé à émerger après les années Franco. Les hommes y ont pris les postes clefs et les ont gardés.

Les danseuses de la République

La France a mené une réelle politique de recherche au milieu du XXe siècle, avec la création du CNRS (1939) et du CEA (1945). Ces efforts se sont poursuivis durant les vingt-cinq, trente années suivantes. Mais, depuis la fin du siècle dernier, on a assisté à une décroissance progressive des aides. Aux dires d'un ancien président du CNRS, les différents présidents de la République, de droite comme de gauche, n'ont cessé ces trente dernières années de prétendre faire de la recherche une priorité nationale. Mais les crédits, eux, n'ont cessé de diminuer. D'après l'un des présidents du conseil scientifique du CNRS, cette chute a pu atteindre 80 % pour certains instituts.

Depuis quinze ans, des appels à projets sont proposés par ceux qui sont susceptibles de demander un financement. Ils deviennent donc consanguins, les chercheurs étant juges et parties. Et les thématiques proposées sont souvent en adéquation avec celles des membres des comités. La seule augmentation du budget est, elle, dédiée aux mesures salariales obligatoires et au rattrapage de la dette de la France auprès d'organisations internationales, comme l'Agence spatiale européenne.

La recherche est ainsi devenue le parent pauvre de notre société. C'est l'une des variables d'ajustement des comptes publics. Les chercheurs ont reçu comme une gifle les mots du président de la République en exercice (dans son discours du 22 janvier 2009) : « Je vous remercie d'être venus, il y a de la lumière, c'est chauffé… » ou encore : « Nulle part comme en France, on a autant multiplié les instituts, agences, groupements et autres organismes microscopiques qui diluent les moyens, les responsabilités, tirent chacun à hue et à dia, et gaspillent temps et argent. » Il y a une part de vérité dans les propos du Président. Le nombre de ces organismes a cependant augmenté depuis ce discours… À cet état des lieux, on pourrait aussi essayer de comprendre comment des chercheurs français ont raflé 70 prix Nobel, depuis sa création. Comparé à l'Allemagne (108), au Japon (28) et au Royaume-Uni (132), ce résultat n'est pas si insignifiant. Mais cet argument serait, selon lui, « l'arbre qui cache la forêt… »

À la même époque, j'avais demandé à la directrice de cabinet adjointe du ministre une prime exceptionnelle pour les enseignants-chercheurs de haut niveau. Il m'avait été déclaré : « Ils n'ont qu'à aller faire des ménages… » – en d'autres termes, ils n'ont qu'à faire des prestations de service à l'extérieur. Ce à quoi j'avais répondu : « Mais alors, quand pourront-ils faire leur recherche ? » Cela illustre bien l'état d'esprit du monde politique vis-à-vis de la recherche d'excellence.

Nos dirigeants sont contents de produire dans leurs salons des chercheurs de talent, mais ils n'ont guère de considération pour eux. Cent ans après Einstein et Marie Curie, ils semblent ne pas savoir à quoi sert la science. Si bien qu'aujourd'hui, la Chine dépose six fois plus de brevets mondiaux que la France et forme plus d'ingénieurs que l'Europe tout entière.

Afin de diminuer les coûts, nos décideurs ont voulu mutualiser les moyens. Ce qui est tout à fait recevable car il n'est pas nécessaire que chaque institut possède de gros équipements coûteux et, parfois, peu utilisés. En Allemagne et aux États-Unis, les chercheurs paient les prestations faites par des ingénieurs (très compétents) et les chercheurs ne sont pas débiteurs. En France, pour des raisons financières, on alloue souvent un équipement à un groupe de recherche. Les chercheurs le considèrent comme leur propriété, et non comme un appareillage appartenant à la communauté. Il est moins accessible à tous. De plus, toujours pour les mêmes raisons, on a assisté à la création de grands instituts, dirigés par des gens qui, souvent, ne connaissent pas tous les membres de leur institut. Ce sont des décisions comptables, faites à partir d'un tableau Excel, sans tenir compte de l'humain. Or, comme on l'a déjà vu, la recherche a besoin de beaucoup d'échanges et le chercheur doit être aidé quand, en dépit de tous les efforts qu'il a déployés, il n'obtient pas de résultats, ou lorsqu'il ne comprend pas l'une ou l'autre orientation.

La recherche est une activité à temps plein. Elle demande un renouvellement perpétuel. Même si vous êtes dans le peloton de tête, vous pouvez décrocher à tout moment et la communauté scientifique vous oubliera avec une rapidité impressionnante.

Nous redécouvrons parfois ce qui avait été trouvé quelques années plus tôt par d'autres. Il existe, en fait, un temps privilégié où la communauté scientifique est en capacité de comprendre et d'apprécier de nouveaux résultats, alors que si ces résultats ont été publiés trop tôt, ils restent inconnus pendant un certain laps de temps. Pour avoir de la visibilité, au niveau international, il faut donc être présent au bon endroit au bon moment.

Je pense à ce chercheur français, qui travaillait dans un institut semi-public/privé et était traité avec beaucoup de brutalité par ses collègues. Il avait été mis à la retraite anticipée, bien qu'il fût pionnier dans son domaine. Il reçut pourtant le Nobel, avec deux Américains qui avaient repris son travail ! Sa communauté n'avait pas su juger ce travail d'exception. Or, bien que le comité Nobel ait décidé de les honorer tous les trois (il ne pouvait le faire sans le Français, qui était à l'origine du projet), sa première réaction a été de dire : « Laissez-moi tranquille, je veux passer ma retraite en paix ! » Cela en dit long sur ce qu'on avait dû lui faire subir… Par la suite, on a voulu le mettre à l'honneur, en donnant son nom à un laboratoire, en lui remettant des médailles diverses et variées, en lui offrant un siège à l'Académie, etc. J'ai été surprise qu'il ait accepté de se prêter à cette mascarade. Mais qu'il est difficile de refuser les honneurs, même quand ils sont différés ! Tous les chercheurs ont besoin de reconnaissance…

J'ai appris très récemment que de nombreux chercheurs français créent une petite société hors de l'Hexagone, pour une raison étonnamment simple. Ils échappent ainsi aux règles de la propriété industrielle. En effet, le travail effectué dans un organisme d'État français est la propriété de cet organisme, ce qui ne facilite pas le développement de start-up. La situation est totalement différente aux États-Unis : Brian, chercheur dans une grande université, a découvert une enzyme très sensible au sucre. Tout en poursuivant sa recherche dans son prestigieux institut, il a créé une start-up et réalisé un prototype pour mesurer le taux de sucre dans le sang. Sa société a commercialisé le prototype. L'université l'a laissé développer son projet, sans exiger un droit de regard et de propriété sur cette invention. Et, quand l'institut a décidé de fermer plusieurs de ses laboratoires, Brian a facilement trouvé un poste identique à l'université du Texas. Il a fait fortune avec sa société qu'il a vendue, pour en créer une nouvelle liée à la détection de cellules cancéreuses. Quand vous passez le voir, son premier geste, avant de vous offrir un café, est de mesurer le taux de sucre dans votre sang ! Pour un chercheur français, un tel parcours serait impossible.

Quelle que soit la réussite de votre projet, il est nécessaire de se remettre sans cesse en question et cette contrainte permanente peut, à terme, devenir difficile à vivre. En outre, les idées peuvent manquer. Et là, si l'on en est conscient, c'est le pire des scénarios. Cela a toujours été ma plus grande angoisse. Si cela m'arrivait, je ne resterais pas dans ce milieu…

Mais j'ai la chance de ne pas avoir été atteinte, pour l'instant, par ce fléau !

Il y a des chercheurs qui, toute leur carrière, améliorent leur thèse et puis se lassent. Ceux-là quittent progressivement la recherche. Mais, comme nous ne disposons pas d'assez d'industrie pour qu'il puisse y avoir un va-et-vient entre le public et le privé, comme aux États-Unis, aux Pays-Bas, en Suède ou dans bien d'autres pays, nombreux sont ceux qui s'engagent alors dans l'administratif, nécessaire à tous les niveaux de la recherche. Ils investissent leur énergie dans les différentes organisations de la « cité scientifique », associées soit à des prestations techniques, soit à l'organisation locale, ou encore à la bonne marche d'une collectivité. Je suis extrêmement impressionnée par leur disponibilité et j'ai une grande reconnaissance vis-à-vis de tous ces agents, qui nous permettent de poursuivre nos activités de recherche.

D'autres prennent la direction d'un institut ou un poste dans un ministère, lié en général à la recherche et à l'enseignement supérieur. Ils gardent un attachement fort à la recherche, mais leurs nouvelles fonctions les obligent souvent à s'en éloigner peu à peu – à l'exception des directeurs d'instituts qui, pendant longtemps, ont eu la charge de l'orientation scientifique de leur laboratoire. De nos jours, la politique scientifique devient compliquée du fait de la taille croissante des instituts, de la limitation des mandats, du manque de reconnaissance qui n'est pas limitée au manque de moyens. Pour toutes ces raisons, les scientifiques de haut niveau refusent désormais de prendre des postes de direction et ceux qui les acceptent sont ceux qui ne sont plus tentés par la recherche… À la fin de ses deux mandats, un directeur a de toute façon perdu la possibilité de revenir à la recherche qui, en huit ans, aura évolué trop vite. S'il retourne dans son laboratoire d'origine, il n'a plus aucune fonction et ne reçoit pas plus de considération que le plus jeune de ses collègues – ce qui n'est pas facile à vivre. Certains tentent néanmoins de repartir sur une nouvelle thématique, mais la plupart préfèrent chercher un autre poste de direction.

Ainsi donc, le directeur d'un institut a aujourd'hui une mission réduite. Il est en quête de subventions et tente d'obtenir des postes de chercheurs ou de techniciens. Mais l'État s'efforçant de restreindre le nombre de fonctionnaires, cela se traduit par une diminution notable des équipes. Il existe encore – et heureusement – de vrais directeurs, à la pointe de leur domaine scientifique, capables d'engager des recherches de tout premier ordre, mais ceci est rare, difficile et presque impossible. Voilà un constat qui n'est guère attrayant.

Précisons, par ailleurs, que non seulement le financement des recherches dans les Max Planck et en Suisse est très honorable, mais que le salaire de leurs directeurs l'est aussi. Gerhart, l'un de mes amis allemands, au même niveau de notoriété et du même âge que moi, paie en impôts ce que, moi, je déclare comme revenu annuel ! Il ne faut donc pas s'étonner que les chercheurs français soient un vivier pour les postes de direction de recherche des Max Planck ou des laboratoires suisses…

Il est parfois possible de concilier activité scientifique et direction. Ce qui est une expérience excessivement enrichissante. Un chercheur doit en effet, pour être productif, avoir quelquefois l'esprit ailleurs. Mais cela demande d'avoir des dirigeants très compréhensifs.

Membre d'un institut prestigieux, j'appris que l'administrateur, Pierre-Paul, comptait quitter ses fonctions. Or, je pensais que cette merveilleuse institution pouvait aller plus loin dans la promotion de la recherche universitaire. Après bien des péripéties, je remplaçai Pierre-Paul. Très vite, je compris que je pouvais m'enliser dans cette tâche et que ma recherche allait en pâtir. Je risquais de quitter le peloton de tête et de mettre mon Lego en danger. Or, celui-là, je ne voulais pas le lâcher ! J'avais toutefois envie de participer à la modernisation de cet organisme. En tant que membre de cet institut, j'avais deux tiers de mon temps d'enseignement allégé pour me consacrer à mes travaux de recherche. Comme il n'était pas question que j'abandonne cette activité, j'allai voir Pierre-Marie, le président de mon université, et lui expliquai que je n'avais pas bien évalué le temps réservé à la transformation de l'institut. Je lui demandai donc de m'octroyer une dispense totale d'enseignement. En cas de refus, j'aurais démissionné de l'institut. Pierre-Marie, qui avait une forte notion du service public, me répondit : « Je préfère que tu restes administrateur et te dispense de ton tiers d'enseignement restant. » Ça y était : j'avais sauvé mon Lego et pouvais servir l'institut ! Cela est assez rare pour être mentionné. De nombreux présidents auraient refusé ma demande. Un collègue américain, qui a longtemps travaillé en France, me disait récemment : « Ici, quand on demande quelque chose à l'administration, la première réponse est négative... Si tu insistes, elle peut devenir positive ! »

Avec l'accord de Jean-Pierre, l'un des meilleurs ministres de la Recherche que nous ayons eus, nous réalisâmes de vrais changements au sein de cette institution. J'eus la chance de vivre, auprès d'un ministre et d'un président d'université d'exception, une expérience rarissime. Ils me permirent d'apporter – enfin, j'espère – une vraie contribution à notre société scientifique. Je leur serai à jamais reconnaissante car, pour la première fois, j'avais l'impression de vraiment servir ma communauté. C'est peut-être ringard mais, pour ma famille et moi, cela compte.

Une grande partie de la communauté a été choquée par les propos de l'un de nos anciens présidents. Ce qui ne doit pas empêcher de mettre en lumière les dysfonctionnements, même s'ils ne sont imputables qu'à un petit nombre.

Comment une société qui fonctionne correctement peut-elle accepter qu'Igor, un maître de conférences, arrive tous les jours au laboratoire à midi, avant de partir à la cantine, pour ne commencer son travail de recherche – par ailleurs, excellent – que vers deux heures de l'après-midi ? Personne, même le directeur, ne parvient à lui faire changer ses habitudes. Igor s'estime en droit de ne pas se soumettre aux règles du laboratoire et affirme quitter tard l'institut. Il fait une belle recherche mais cela ne peut durer. Il se marginalise, s'appauvrit intellectuellement, il est néanmoins fonctionnaire, donc inamovible – quand tant d'autres ne comptent pas leurs temps, leurs jours, leurs dimanches pour faire avancer la recherche !

Un enseignant-chercheur se doit d'enseigner, mais aussi de faire de la recherche. Serge fait parfaitement ses enseignements (deux cent cinquante à trois cents heures par an). Le reste du temps, il aide sa femme, ébéniste, et il est brocanteur au marché aux puces !

Jean-François, assistant, se foule la cheville en faisant du sport et arrive à obtenir des certificats médicaux lui donnant deux mois d'indisponibilité…

Philou, directeur d'une unité de recherche, explique aux techniciens de son laboratoire qu'étant fonctionnaires, ils sont libres de leurs horaires de travail !

L'université attribue à mon laboratoire un poste de technicien. Mais le directeur ne peut donner son avis sur le recrutement. C'est un jury qui décide de la personne à embaucher. Gertrude obtient le poste et m'est imposée. J'apprends qu'elle habite dans les faubourgs de Rouen. Or, le laboratoire se trouve à Paris. Elle a donc plus de deux heures de transport pour venir et l'équivalent pour rentrer – soit plus de quatre heures de transport par jour ! Elle arrive, bien sûr, à 10 heures le matin et tente de quitter le laboratoire le plus vite possible. Je l'affecte au microscope électronique ; c'est une technique indispensable au laboratoire, qui concerne l'ensemble du groupe. J'explique à Gertrude qu'elle va avoir la possibilité de bien s'adapter, car elle pourra travailler avec tous les membres de l'équipe. Mais, très vite, je reçois des plaintes disant qu'elle ne s'intéresse à rien et fait des clichés inutilisables. Je la mets en garde. Après six mois au laboratoire, je lui demande son cahier de laboratoire, où elle doit consigner toute son activité. Si j'y trouve quatre phrases, c'est que je vois double ! Un jour, elle ne vient pas et ne prévient pas. Je lui envoie un mail pour lui demander les raisons de son absence. La réponse est sidérante : « Mon chien s'est sauvé pendant la nuit, je suis donc partie à sa recherche. » Quelques semaines plus tard, nous recevons tous un mail de Gertrude pour nous expliquer la raison du changement d'heure. Je crois devenir folle ! Qu'avons-nous à faire du changement d'heure, alors que nous sommes une petite unité qui ne peut se permettre d'avoir quelqu'un qui ne fait rien ou, pire, fournit des résultats inutilisables ? Nous avons besoin d'une technicienne qui travaille ! Mais elle n'en a cure. Je lui rappelle qu'elle n'est pas titulaire de son poste et que, si elle ne tient pas compte de mes remarques, je donnerais un avis défavorable à sa titularisation. À partir de ce moment-là, elle arrive quand elle veut et repart de même. Je fais donc à l'administration un rapport négatif (avec ces différents mails, etc.). Mais elle s'est inscrite à un syndicat pour se protéger ; les instances de l'université décident alors de lui donner une chance supplémentaire et de l'affecter dans un service commun. Je perds par conséquent le poste de technicien, que je n'ai pas choisi, et quelqu'un d'essentiel au développement de nos recherches. Gertrude recommence une année de stage mais ne change guère ses habitudes. J'apprends pourtant, à la fin de cette seconde année, que le directeur du service auquel elle a été affectée, bien que mécontent de son travail, accepte sa titularisation ! Comment, alors que nous manquons de postes, peut-on en attribuer un à quelqu'un qui n'a aucune intention de travailler ? L'État en prend pour quarante ans !... Il s'avère que Gertrude n'a pas changé de comportement et constitue toujours un poids pour son service. Elle profite du système. Mais qui est responsable de tout cela ? La faiblesse de nos instances décisionnelles, la peur d'une grève – je ne sais... Je ne connais aucun autre pays où un tel comportement serait accepté.

Que penser de ces chercheurs, ingénieurs et techniciens qui arrivent au laboratoire quand bon leur semble ? Et de la quantité de vacances (parfois plus de trois mois) que certains prennent ? Que penser de ceux qui ne travaillent qu'entre vingt-cinq et trente heures par semaine et sont considérés à égalité – même promotion, même salaire, même considération – avec ceux qui se démènent et ne comptent pas leurs heures ? Certaines situations sont ubuesques et devraient être sanctionnées, ce que je n'ai jamais vu se produire en France. Aux États-Unis, je connais un chercheur extrêmement respecté pour ses travaux et qui, après plus de trente ans dans son université, a diminué son rythme de travail. Il publiait très peu et son enseignement était très contesté. Après quelques années, il a été simplement renvoyé. En Suède, si un professeur ne récupère pas suffisamment de fonds pour assurer son salaire, il doit au bout de quelques années quitter l'université.

Ces comportements isolés ne doivent pas, pour autant, jeter l'opprobre sur l'ensemble de la communauté scientifique. Ces problèmes sont liés à un manque de courage des instances décisionnelles, des médecins accrédités et des directeurs face au risque de grève. Les personnels sont certes mal payés mais, lors de l'embauche, chacun connaît les conditions et les grilles de salaire ! L'un de mes amis m'a rapporté une réflexion d'un directeur du CNRS : « Évidemment qu'il y a des gens qui ne font pas ce qu'il faut, mais les autres compensent en en faisant tellement plus que ce que l'on attend d'eux ! » La majorité des chercheurs travaille énormément. Mais elle peut aussi se décourager, réduire ses activités, ne plus vouloir travailler sous de telles contraintes, en particulier quand les résultats tardent à venir.

L'évolution du jeune chercheur

Le parcours des chercheurs varie beaucoup d'un pays à l'autre. Aux États-Unis, il est hors de question qu'ils retournent dans le premier laboratoire qui les a accueillis. Ils doivent créer leur propre unité, au sein d'une autre université. À eux de démontrer qu'ils sont capables de développer leurs thématiques. Ils reprennent souvent, tout en les faisant diverger, celles des laboratoires où ils ont effectué leur thèse et leur(s) stage(s) postdoctoral(aux). D'emblée associés aux mentors avec qui ils ont travaillé, ils font donc partie d'une « famille » extrêmement solidaire. À Harvard, Richard aide tous les Américains de son laboratoire à développer leur recherche dans des universités très prestigieuses. Il a ainsi créé un immense réseau, devenu le point de passage obligé de sa thématique. En revanche, la plupart des étrangers venant avec leur propre financement, pour une période postdoctorale d'un ou deux ans, en sont exclus. Les seuls susceptibles d'entrer dans ce réseau sont ceux qui ont effectué leur thèse sous la direction de Richard. L'exclusion des étrangers de ce système est plus ou moins forte, en fonction de la personnalité du mentor. Mais il existe de nombreux Richard aux États-Unis.

En Chine, depuis une décennie, les autorités financent les séjours de leurs jeunes en Occident, pour quelques années. À leur retour et après beaucoup d'efforts, ils finissent par trouver un poste, souvent dans leur laboratoire d'origine. Ils y sont soumis à une pression extrême, mais profitent d'avantages financiers qui leur permettent d'approfondir leurs thématiques et de développer des projets innovants.

À Singapour et en Corée, l'évolution est proche de celle des États-Unis. Précisons que la Corée embauche beaucoup de chercheurs occidentaux, à temps plein ou à mi-temps, pour travailler sur de nouveaux projets.

Au Japon, les chercheurs reviennent souvent dans leur laboratoire d'origine. Les jeunes n'ont guère de possibilités de différencier leurs thématiques de celles du responsable du laboratoire. Avec le temps et beaucoup d'efforts, certains chercheurs confirmés parviennent néanmoins à prendre leur indépendance, mais cela reste rare et extrêmement difficile. Acquérir sa liberté dépend aussi de l'ouverture d'esprit du directeur et de l'importance de ses responsabilités. Même après son départ en retraite, on lui conserve un grand respect. Les laboratoires japonais sont fortement subventionnés par l'industrie, ce qui permet l'existence de coopérations étroites favorisant l'émancipation des chercheurs, bien qu'elle passe toujours par le bon vouloir du directeur.

En Europe, l'évolution des chercheurs varie beaucoup selon leur pays d'origine.

L'Espagne, où la recherche n'existait quasiment pas avant l'entrée du pays dans l'Union européenne, a su développer des instituts d'excellence, avec le soutien de l'Union européenne.

Les pays du nord de l'Europe ont, depuis une trentaine d'années, une politique de recherche particulièrement active. Tous les chercheurs, quelle que soit leur nationalité, sont les bienvenus dans leurs laboratoires, où ils s'intègrent facilement et peuvent ainsi prendre de l'influence, au même titre que les chercheurs natifs de ces pays. La première contrainte du scientifique y est, comme aux États-Unis, de trouver le financement de son salaire et celui de sa recherche, *via* des demandes aux différentes agences de recherche. Car les universités ne lui donnent que les sommes nécessaires pour démarrer son travail. Si, après quelques années, il n'obtient pas de financement, le laboratoire ferme.

En Allemagne, coexistent les universités et les Max Planck Institute, deux organismes très différents. Les universités fonctionnent comme en France, mais avec beaucoup plus de moyens pour la recherche. Les Max Planck sont, eux, très hiérarchisés. Leurs directeurs, nommés à vie, sont d'excellents scientifiques, assurés d'une grande notoriété et entourés de très bons chercheurs, soumis à leurs décisions et qui ne peuvent développer leur propre recherche au sein de l'institut. Certains d'entre eux essaient de décrocher un poste à l'université, souvent avec l'aide de leur directeur. Au départ à la retraite de celui-ci, le département est fermé et un nouveau directeur nommé, avec son propre groupe. Mais l'ancien directeur met généralement un point d'honneur à trouver à l'ensemble de ses chercheurs un autre lieu d'accueil. Cela reste toutefois un moment très difficile pour eux, qui se retrouvent parfois seuls, contraints de développer leurs propres recherches.

En France, les chercheurs titulaires sont fonctionnaires et les financements de l'État répartis dans l'ensemble des laboratoires. Pour obtenir un financement supplémentaire, il existe une Agence nationale de la recherche (ANR) ; mais moins de 10 % des projets déposés sont retenus. Il y a également des possibilités au niveau de l'Union européenne, qui restent, elles aussi, très limitées.

L'herbe est-elle plus verte ailleurs ?

Ce qui suit n'est à nouveau qu'un témoignage très partiel, lié à ma seule expérience. La recherche appliquée et la recherche fondamentale ne peuvent être soumises à la compétition ; elles sont complémentaires. Nos sociétés ont besoin des deux. Les financements doivent aussi être équitables et le va-et-vient de l'industrie à l'université est très profitable, s'il est fait dans de bonnes conditions.

Le déclin de la recherche fondamentale en Italie est similaire à celui de la France, mais plus ancien. Même s'il reste quelques groupes parfaitement implantés et d'excellent niveau, on assiste depuis une trentaine d'années à une véritable hémorragie de chercheurs brillants, qui quittent leur pays pour aller vers des cieux plus propices. Ce phénomène s'est, d'ailleurs, également produit en Grèce.

Nous avons déjà rencontré Enrico. C'est celui qui avait présenté, sans la moindre honte, les résultats des autres sans même les mentionner ! Il se concentre sur des problèmes liés à l'assemblage de molécules de savon (tensioactifs), domaine très en vogue depuis plusieurs décennies. Il est parvenu à convaincre des industriels – tout d'abord italiens puis étrangers – de créer un consortium de recherche au service de l'industrie. La réduction des crédits de recherche favorise une telle entreprise qui, d'une certaine façon, détourne la recherche fondamentale au profit de la recherche appliquée, très utile à beaucoup plus court terme. Cela revient à utiliser les scientifiques italiens – payés par l'État pour faire de la recherche fondamentale – au service de l'industrie, qui n'a pas à assurer leur salaire et se contente de donner des crédits de fonctionnement. Très jeune, Enrico a fait de la gestion scientifique, quand d'autres commençaient à faire de la science. Si bien que beaucoup de chercheurs italiens travaillent pour l'industrie par l'intermédiaire d'Enrico, qui distribue les moyens à son gré. Ayant l'argent, il s'est propulsé à la tête de sa discipline. Le consortium est devenu le point de passage obligé, pour la recherche italienne, dans le domaine de l'assemblage de molécules organiques. Les industries engagées dans ce domaine étant liées aux lessives, à la nourriture, aux huiles alimentaires, à la décontamination, etc., Enrico s'est ainsi créé un véritable empire. Voilà comment toute une communauté scientifique se retrouve très fortement handicapée par un seul businessman. Comme il doit valider tous les projets, il a en outre une réelle vision des besoins des industriels et peut utiliser ses compétences au service de différentes industries. Bref, il a su utiliser le système, bien avant tous nos chercheurs businessmen.

Son directeur de thèse était spécialisé dans la restauration d'œuvres d'art. Or, en sciences, comme dans beaucoup de domaines créatifs, il ne suffit pas de faire de belles choses, il faut les faire au bon moment. Les œuvres d'art en Italie sont si nombreuses que, pendant très longtemps, peu de scientifiques s'intéressaient à leur conservation. Mais, ces dernières années, comme la restauration des œuvres est devenue une thématique importante, Enrico a repris, à son compte, les thématiques de son ancien patron et recommence la même opération avec l'Union européenne. Il est arrivé à lever des fonds considérables qu'il distribue à son bon gré, détournant à nouveau les objectifs des décideurs… C'est un vrai art que je suis incapable d'exercer.

Aux Pays-Bas, la recherche universitaire est très fortement aidée, d'un point de vue financier, par les industries du pays. Il n'est donc pas rare d'observer des allers-retours entre l'industrie et la recherche universitaire, ce qui est très profitable tant pour la recherche fondamentale qu'appliquée. Et c'est l'inverse de ce que fait Enrico en Italie : la recherche n'est pas sous-traitée, les chercheurs sont employés pour le travail demandé ; l'État paie pour la recherche fondamentale et l'industrie pour l'appliquée.

Ayant reçu un prix de l'Académie royale des Pays-Bas qui me donnait la possibilité de passer quelques mois dans un laboratoire universitaire, j'ai été très étonnée par le rythme de vie particulièrement bien rodé, au sein de cette communauté. Le personnel arrivait au laboratoire vers 8 h 30. À 10 heures, tout le laboratoire se retrouvait pour une pause-café. À midi, nouvelle pause, le temps d'avaler un sandwich. Et, à 17 heures, chacun rentrait chez soi. N'ayant pas l'habitude de finir ma journée si tôt, je demandai à rester un peu dans le laboratoire ; la sécurité de l'institut m'autorisa à travailler une heure de plus. Comme tous les invités, je logeais dans un hôtel situé sur le campus, qui est à quelques kilomètres de la ville et donc, le soir, totalement isolé. Un club house, non loin, nous accueillait toutefois, jusqu'à 19 heures. Puis je devais me contenter de l'hôtel... Je me retrouvai donc dans ce triangle hôtel-laboratoire-club house, qui faisait moins de cent mètres ! Je tins deux semaines, en rentrant à Paris le week-end, puis je leur expliquai qu'il m'était impossible de demeurer plus longtemps dans un tel environnement : « Désolée, mais je n'arrive pas à rester ainsi cloîtrée à ciel ouvert ! » La rigidité de ces horaires n'entamait pas la qualité de leur travail. Je suis convaincue que beaucoup de ces chercheurs se remettaient au travail chez eux, dans la soirée.

Les conditions de travail dans les pays nordiques, en Suisse et en Allemagne sont excellentes par rapport à bien d'autres pays européens. Leurs gouvernements y mènent une véritable politique de recherche, également soutenue par les industries.

Pour faire partie de nombreux jurys d'évaluation de la recherche et d'attribution de crédits en Suède, je suis extrêmement impressionnée par les sommes astronomiques qui sont allouées. Notons que dans ces comités seul le président est suédois ; tous les autres membres sont étrangers. Du fait de la protection sociale, embaucher un chercheur nécessite le versement de taxes assez considérables. Comme nous l'avons déjà vu, les chercheurs doivent en outre déposer des projets qui leur permettent d'obtenir des financements pour mener à bien leur recherche, mais ils doivent aussi trouver une partie du financement de leur salaire. Si, après quelques années, ils ne l'ont pas obtenu, l'université leur demande de quitter l'institution. Mais, comme le nombre d'industries est proportionnellement important par rapport au nombre d'habitants, ils trouvent en général un point de chute ailleurs – ce qui ne les empêche pas de revenir, plus tard, à l'université. Il n'est pas non plus rare qu'un chercheur développe son activité dans un pays voisin. C'est ainsi que Peter, qui est Norvégien, dirige, à Stockholm, l'un des plus importants instituts de recherche au profit de l'industrie. De même, Henrik a quitté Uppsala où il avait un magnifique groupe pour diriger un institut à Copenhague. Ou Per, qui après avoir commencé sa carrière dans l'industrie à Stockholm et franchi tous les échelons, a remplacé Peter pendant quelques années, puis a été nommé à Göteborg, où il a créé un département de *chemical engineering*.

C'est dans l'un de ces pays nordiques que j'ai été le témoin d'un bel exemple de gestion humaine : je faisais partie, là-bas, d'un jury où nous nommions des professeurs et leur attribuions une importante somme d'argent, afin qu'ils puissent démarrer leur activité. Or, la présidence de l'université demandait que le jury tienne compte de la parité ; mais les meilleurs projets étaient présentés par des hommes. Celui de

Ruth, la seule femme, étant de loin le moins bon. Je suis très partisane de la parité et estime que le comité Nobel pourrait s'emparer de ce problème, mais il faut que ce soit à qualité scientifique égale. Et, dans le cas précis, il n'y avait pas de raison de donner un poste à Ruth. Pourtant le président du jury insista pour qu'elle soit nommée. Il me prit à part et me dit : « Fais-moi confiance, on s'en occupera. Je te demande de ne pas t'opposer à cette nomination. » Je me soumis donc puisque c'était, *a priori*, une décision liée à la politique scientifique de l'université… En 2019, j'étais de retour sur ce campus où je rencontrai Mats, l'un des brillants jeunes chercheurs que nous avions nommé en même temps que Ruth. Il me montra un cliché magnifique de microscopie électronique. Je lui demandai qui avait bien pu le réaliser et il me répondit que c'était le service de Ruth. Stupéfaite, je cherchai à comprendre comment j'avais pu me tromper à ce point. Cela m'inquiéta même : que m'était-il arrivé pour m'opposer si fortement à cette nomination ? Je finis par saisir le fin mot de l'histoire, après une longue discussion avec Mats sur le fonctionnement de ce service : le président du jury avait fait le job, Ruth avait été nommée mais il l'avait entourée de chercheurs plus jeunes, extrêmement compétents. Le groupe était donc sauvé et la parité respectée, ce qui permettait désormais de promouvoir des jeunes femmes compétentes. Tout cela demandait beaucoup de travail et une vraie attention aux autres… Je suis récemment tombée sur une vidéo montrant le déplacement des atomes d'or sur une surface. Un travail fantastique, qui vient de nouveau du laboratoire dirigé par Ruth.

Lors de l'introduction de la vidéo, on la voit au milieu de son groupe, puis elle cède la place aux chercheurs qui ont effectué le travail. Tout le monde est donc servi... Sur ce dossier, l'université a mené une réelle politique scientifique.

Contrairement à ce qui se fait dans beaucoup de pays – probablement parce qu'ils sont plus grands et moins flexibles –, on accompagne là-bas les chercheurs afin qu'ils s'améliorent et ainsi développer une véritable politique de recherche. Ces universités se sont dotées de personnes parfaitement habilitées à aider les scientifiques à lancer des start-up, leur contribution étant surtout liée à la recherche, à l'accompagnement, à la mise en place et la commercialisation des découvertes. Ce pragmatisme, qui s'accompagne de flexibilité dans la planification, permet le développement d'une recherche efficace.

En Allemagne, il existe de grands centres de recherche qui récupèrent les étudiants les plus brillants. Il n'y a que peu ou pas d'enseignement, mais principalement des étudiants en cours de thèse et quelquefois en master.

Ces centres prestigieux sont principalement les Max Planck Institute. Depuis la création du prix Nobel, dix-huit personnes appartenant aux Max Planck ont été primées. Si l'on compare la taille des instituts allemands à ceux de Bells Lab, le succès de ce dernier est bien supérieur. Mais cela ne tient pas compte de la forte pression des lobbies américains, comparés à celle des Allemands. La majorité des Max Planck ont plusieurs directeurs, chefs de département nommés à vie, tous excellents scientifiques. À chaque création d'un département, de fortes sommes sont engagées pour la nouvelle thématique du directeur désigné, qui devient le maître du développement d'une recherche à long terme au sein de son service. Ce sont des conditions idéales pour la réalisation de projets scientifiques de tout premier ordre. Dans ces instituts, les personnels sont principalement sous contrat. Chaque directeur organise son département en groupes, constitués d'un leader responsable de l'activité et de postdoctorants, d'étudiants en thèse et de techniciens. Il n'a, en général, de contacts qu'avec ces leaders, qui doivent exécuter sa politique scientifique.

L'ensemble de ces départements se centralise pour la gestion des relations internationales, la transmission des crédits alloués et la création d'un nouveau département. Pour ce faire, un directeur du Max Planck est nommé. Afin de s'assurer une bonne gouvernance et de ne pas laisser le directeur « prendre racine », la direction du Max Planck est tournante. Chaque directeur de département devient, pour une courte période (le plus souvent un an), directeur de l'institut.

Les industries allemandes aident considérablement, et parfois gracieusement, les chercheurs. C'est ainsi que Frank reçoit, tous les ans, d'un grand équipementier une somme destinée à son équipement personnel pour ses recherches.

Aux États-Unis, la situation est proche de celle de l'Allemagne. Il existe donc de grands instituts constitués de multiples petites unités totalement indépendantes, aussi bien du point de vue de leur orientation scientifique que de leur financement. Notons que la taille des groupes américains est nettement plus réduite que celle des Max Planck. Comme, souvent, le président de ces instituts n'est pas un chercheur, la politique scientifique est assurée par les directeurs de ces unités. Les professeurs sont payés par l'université dix mois par an ; les compléments de salaires viennent des financements que le directeur de chaque unité a pu récupérer.

Les universitaires n'ont pas de limite d'âge ; la mention de l'âge d'un individu est d'ailleurs, semble-t-il, interdite par la Constitution. Les directeurs d'unité peuvent donc rester aussi longtemps qu'ils le désirent, à condition de lever les fonds nécessaires au développement de leur recherche. Ce qui a toujours été facilement admis. Mais, les locaux n'étant pas extensibles, les plus jeunes chercheurs commencent à grincer des dents, sans pouvoir faire grand-chose, à part attendre avec impatience le départ de leurs collègues les plus âgés.

Comme il existe des liens très forts entre le public et le privé, il est commun de voir un chercheur de l'université passer à la recherche appliquée ou fondamentale dans le privé, puis revenir vers l'université.

Ce que j'ai toujours trouvé extrêmement fascinant est qu'un scientifique américain, à chaque découverte ou résultat important, cherche à quoi cela pourrait servir. Très vite, il essaie de créer une start-up qui, souvent, disparaît aussi vite qu'elle a été créée, mais qui, parfois, se développe bien. Il la vend alors pour en créer une, voire plusieurs autres. D'une façon générale, il a le réflexe de se demander : Combien puis-je gagner avec ce projet ? Ce qui est beaucoup moins le cas en Europe.

Le gouvernement chinois a décidé aux environs des années 2000 de développer la recherche, en donnant à sa politique des moyens financiers et humains, qui ont considérablement perturbé la communauté scientifique internationale.

Zong, un Pékinois, est le fils d'un vendeur de vin chaud, l'hiver, et d'eau, l'été. Il est brillant et, grâce à l'État chinois, il a pu faire ses études dans des institutions prestigieuses. Puis il est parti pour un stage postdoctoral aux États-Unis où, quelques années plus tard, il a obtenu un poste de professeur dans une grande université américaine. Il y a créé un centre d'excellence de microscopie électronique au moment où les nanotechnologies commençaient à se développer. Ses très grandes compétences en ont fait un scientifique incontournable pour les groupes travaillant dans ce domaine. Zong est en perpétuel mouvement. Sa préoccupation majeure est « *What's next ?* ».

Je l'ai plusieurs fois invité à passer quelques semaines au laboratoire et, un jour, lui ai montré un cliché de microscopie électronique. Considérant que l'appareil était mal réglé, il a demandé à accéder au microscope. Cet homme, connu dans le monde entier, sait régler avec minutie aussi bien un vieux microscope qu'un de ceux de la dernière génération. Voilà la preuve de sa passion pour la technique ! Zong n'est pas seulement un leader, mais aussi un scientifique qui connaît parfaitement le moindre détail de sa spécialité.

Comme il a travaillé avec un nombre incalculable de gens, son indice de citation est considérable. Il estimait que cela devait lui donner accès à la National Academy of Sciences, qui est aujourd'hui la plus prestigieuse académie avec celle de Suède. On lui a expliqué que cet indicateur est principalement dû à ses grandes compétences techniques et à ses multiples collaborations. Pour moi, Zong est en effet l'homme des plus beaux clichés de microscopie électronique du monde. Il montrait les choses sans les créer. Il a ainsi compris qu'il lui fallait ouvrir une voie de recherche pour pouvoir entrer à l'Académie. Un jour, il m'a donc annoncé : « Maintenant je tourne une page, je ne veux plus faire de microscopie ! » Notre collaboration s'est alors arrêtée et j'ai très vite trouvé un autre groupe de microscopie électronique, tout aussi compétent.

Zong s'est orienté vers les problèmes d'énergie. Le gouvernement chinois lui a naturellement proposé de rentrer en Chine. Il a préféré créer des instituts qui portent son nom à Wuhan, Pékin et Harbin, et recevoir une contribution financière considérable. Il est parvenu à former de nombreux chercheurs chinois, mais ne s'est pas soucié de la qualité du travail rendu. Un seul homme ne peut assurer la direction scientifique de quatre instituts ! Le niveau de ses articles, signés avec des chercheurs travaillant en Chine, s'est considérablement amenuisé, bien qu'avec le temps, il s'améliore. À l'évidence, il n'a pas le temps de lire l'ensemble des articles publiés par ses instituts et dont il est coauteur. Zong a ainsi contribué au changement du comportement scientifique dans le monde, en vendant partiellement son prestige à son pays d'origine.

Néanmoins, homme d'affaires avant tout, il sait aussi développer une recherche de qualité aux États-Unis, prévenant ainsi tout risque de renvoi de l'université américaine. Ayant la double nationalité américaine et chinoise, il est devenu membre étranger de la Chinese Academy of Sciences.

Zong ira encore très loin, mais probablement au détriment d'une recherche de qualité. J'ai retrouvé chez lui un peu de Laszlo, dans cette soif d'avancer et d'être le meilleur, mais avec l'éthique en moins.

Le gouvernement chinois propose à de nombreux scientifiques américains de renom, d'origine chinoise, soit de revenir vivre en Chine soit d'y créer des instituts. La plupart d'entre eux ont suivi l'exemple de Zong et, tout en restant aux États-Unis, font profiter les universités ou les instituts chinois de leurs compétences. Ce phénomène a fini par faire réagir les Américains. C'est ainsi que Hung, un chercheur chinois de tout premier ordre, était en quête depuis des années d'un poste de professeur aux États-Unis. Comme j'apprécie beaucoup son travail, j'en ai parlé à Arth, qui est un homme brillant et chaleureux. Je les ai mis en contact, au cours d'un dîner que j'ai organisé, car ce jeune scientifique méritait d'être aidé. Après une excellente soirée, quand Hung a pris congé, Arth m'a lancé : « Tu vois, il est brillant mais on n'en veut plus de ces scientifiques qui prennent notre savoir pour l'apporter chez eux plus tard... » J'en suis restée stupéfaite, puis j'ai tenté de lui expliquer que la science est universelle, mais rien n'y a fait. Désormais, les chercheurs américains accueillent beaucoup moins d'étudiants ou de postdoctorants chinois. Trump a réactivé ce rejet qui existe depuis une décennie. À l'évidence, les Américains perdent leur suprématie dans le domaine scientifique… Il est à remarquer que les chercheurs d'origine chinoise qui sont citoyens américains ne subissaient pas, à ma connaissance, de discrimination, tout comme ceux d'origine musulmane. Mais cela commence à changer, depuis l'arrivée de Trump… Hung a fini par rentrer en Chine, où il a obtenu un poste à Shenzhen. Je l'ai revu récemment : il dispose de tout l'équipement qu'il désire, mais la vie y est très dure, très chère et les exigences considérables. Il garde donc une grande nostalgie des États-Unis ! Je pense en outre que son long séjour, dans les meilleurs laboratoires américains, le rend suspect vis-à-vis de ses dirigeants chinois.

Beaucoup d'universités chinoises proposent aussi aux Européens de créer un institut. J'ai moi-même été contactée par deux fois. D'abord, à Harbin, où de jeunes scientifiques, qui avaient passé leur thèse en Occident, avaient été nommés professeurs à leur retour en Chine et devaient développer de nouvelles thématiques. L'université m'a proposé de créer un institut dont j'aurais la direction. Ma mission aurait été d'aider ces jeunes professeurs à développer une recherche innovante. Lors de leur nomination, l'université leur avait en effet attribué des sommes considérables. Ils avaient acheté des équipements très performants mais, à l'évidence, ne savaient pas quoi en faire et connaissaient mal leurs conditions d'utilisation. Eh oui, l'argent ne fait pas tout ! C'était, à mes yeux, un projet passionnant. Une belle occasion d'apprendre, d'avancer et de construire quelque chose de neuf ! Cette nouvelle aventure devait rester en complément de mes Lego français, mais elle me paraissait très tentante. Le président de l'université m'avait, du reste, offert un contrat idéal : quelques semaines (cinq à huit) par an en Chine, une direction *via* le Net, un contrat financier important tant sur le plan personnel que sur celui de la recherche. Mais, lors de la signature du contrat, j'ai découvert que l'institut créé porterait mon nom. J'ai demandé que mon nom fût associé à la direction, et non à l'institut, et proposé un autre intitulé. L'université a refusé. Elle souhaitait absolument que mon nom figure dans l'intitulé. Là, c'est moi qui ai décliné car je n'avais rien en main et ne pouvais pas préjuger de l'avenir de cet institut. Les deux parties restant sur leur position, le contrat n'a jamais été signé.

L'année suivante, l'université de Xia m'a, elle aussi, fait une offre. Deux de mes anciens étudiants, Peng et Yanfen, venaient d'y être embauchés. Le président de cette université était également directeur d'un institut et son activité basée sur les semi-conducteurs massifs. Il m'a proposé de créer un nouvel institut en lien avec le sien. Il me semblait que l'approche la plus intéressante serait de lier les activités faites sur les semi-conducteurs massifs à celles à l'échelle nanométrique. Contrairement à Harbin, je connaissais les deux personnes qui seraient les chevilles ouvrières de cette aventure et, à terme, les directeurs. Je savais comment elles travaillaient. De plus, Peng est physicien, alors que Yanfen est chimiste. Situation idéale pour créer un institut à haute valeur ajoutée ! C'était une vraie possibilité de développer un projet complémentaire à celui auquel je me consacre en France. Peng et Yanfen savent comment je travaille. Nous pouvions réellement avancer et faire quelque chose de bien. Le président était d'accord pour équiper le laboratoire et m'a proposé un contrat, avec des conditions semblables à celle d'Harbin. Mais à nouveau, comme à Harbin, l'institut devait porter mon nom ; j'ai refusé et tout s'est arrêté. Peng et Yanfen ont quitté Xia pour une plus petite université, où ils ont créé leur laboratoire.

Ces deux expériences montrent que certaines universités chinoises cherchent à acquérir une notoriété scientifique, en utilisant un nom comme une marque, un label de qualité pour des recherches à venir, ou augmenter leur visibilité auprès de leur région ou de leur gouvernement. Dans les deux cas, les projets étaient séduisants, mais j'ai pu constater que ce type d'institut a très vite changé de directeur, en gardant le même nom. Je n'ai donc pas eu tort et n'ai rien à regretter. C'est très probablement ce qui s'est passé avec l'institut Pasteur et le laboratoire P4 de Wuhan. On propose une collaboration où les Occidentaux sont heureux de partager leur savoir et de pouvoir créer quelque chose, tout cela avec des moyens financiers considérables. Mais, une fois installés, ils sont mis à l'écart et la partie chinoise prend le leadership. Ce n'est pas ce qu'un chercheur attend, mais il existe de nombreux « businessmen »...

Exister à tout prix !

Il y a toujours eu des chercheurs qui ont tenté de se mettre en valeur à travers des résultats falsifiés ou des plagiats. Mais ce phénomène a été décuplé depuis le début du XXIe siècle.

Les États-Unis développaient depuis très longtemps une recherche de qualité. Face à la montée du géant chinois et des pays émergents, Bill Clinton avait, dans les années 2000, décidé de faire un effort considérable pour la recherche, en lui allouant des sommes énormes et en mettant en place un grand nombre de programmes liés aux nanotechnologies dans différents domaines (médical, électronique, transport, énergie, etc.). Mais depuis l'arrivée de Trump, les crédits ont considérablement diminué. En revanche, la Chine, l'Inde ou la Corée ont décuplé leurs potentiels de recherche. Ces politiques ont abouti, en quelques années, à une multiplication des centres, du nombre de chercheurs et, par voie de conséquence, des champs d'investigation. Devant la difficulté d'évaluer la qualité de la recherche, l'ensemble des scientifiques a choisi la solution la moins contraignante : une approche calculatoire. Il s'agit d'un indice de citation, appelé facteur d'impact.

Pour les chercheurs, ce facteur est lié à la quantité d'articles publiés, à la qualité des journaux où ils sont publiés et au nombre de fois que leurs articles sont cités par d'autres groupes. Pour les journaux, ce facteur correspond au nombre de fois où une publication est citée dans des articles. Cette approche a été, dans un premier temps, tout à fait recevable pour certaines disciplines : elle permet d'établir des repères. Pour d'autres, telles que les mathématiques, elle n'est pas applicable car le nombre de publications est souvent très faible malgré la qualité de la recherche. Néanmoins, la pression pour la publication et l'apparition de la fameuse règle d'or « *Publish or perish* » a vite été détournée et ouvre la voie à bien des abus.

Une certaine connivence avec des éditeurs de journaux importants devient monnaie courante. Suivant la composition de leur comité scientifique, la possibilité pour un concurrent de publier dans tel ou tel journal peut être mise à mal. Problème heureusement compensé par la diversité des titres.

Par ailleurs, la visibilité des travaux est différente en fonction de la qualité des journaux. Les publications scientifiques considérées comme sérieuses ne sont, à ce jour, accessibles sur Internet que si les auteurs paient la diffusion libre – une somme qui peut être importante en fonction de la notoriété du journal. À l'inverse, de nouveaux titres sont régulièrement créés, où toutes les publications sont accessibles : c'est le « Facebook » scientifique.

Certains éditeurs de pacotille repèrent par mots-clefs des articles publiés dans des journaux reconnus et vous offrent de leur envoyer un article. Il arrive ainsi que la thématique proposée soit à l'opposé des compétences du chercheur contacté, mais qu'importe ! Il ne se passe pas une journée sans que nous soyons invités à écrire quelque chose. Néanmoins, jusqu'à présent, ce type d'article ne rentre pas dans le calcul du facteur d'impact.

D'autres éditeurs se permettent de publier des articles parfois faux ou controversés, sans en informer leur rédacteur en chef qui se retrouve mis devant le fait accompli. Il arrive même qu'il l'apprenne par voie de presse ou par des chercheurs qui ont constaté que les résultats publiés étaient soit erronés, soit simplement inventés.

Tout ceci se fait au détriment de la science, comme l'illustrent ces quelques exemples, significatifs des dérives de ces deux dernières décennies.

En 2005, je passai un mois dans un institut prestigieux, au milieu de chercheurs d'excellente réputation. Lorsqu'un visiteur venait au laboratoire, on lui montrait le travail réalisé et on lui donnait quelques articles à lire, afin de mieux marquer les esprits. Je vis ainsi chaque groupe de l'institut et constatai que mes hôtes ne me donnaient que des articles publiés dans le même prestigieux journal. Etan, mon hôte, m'emmena un dimanche visiter une jolie cité balnéaire. Au cours de la balade, je lui demandai pourquoi tous les leaders de son institut publiaient principalement dans un seul journal. Fin et plein d'humour, Etan ne voulait trahir aucun secret. Il me répondit juste : « Tu sais, c'est l'un des instituts les plus renommés du monde… » Je lui rétorquai : « Bien sûr, mais je ne trouve pas que tous les articles soient aussi révolutionnaires ! C'est juste du très bon travail. » Etan se mit à rire et s'exclama : « Regarde la mer, comme elle est belle… »

Quelques années plus tard, je revins dans cet institut. Ils publiaient désormais dans un autre journal, tout aussi prestigieux que le premier, mais concurrent ! Je dis à Etan : « Que se passe-t-il ? Pourquoi snober le précédent journal ? » Il se contenta d'éclater de rire. Je n'insistai pas, mais en cherchai la cause. Eh bien, elle était toute simple : le premier éditeur était un ancien élève de l'institut et avait donc favorisé les publications, par ailleurs excellentes, de ses anciens collègues. Quand il avait quitté son poste, la sélection était devenue plus exigeante, si bien que les chercheurs préféraient désormais s'adresser au journal concurrent, dont l'un des éditeurs avait effectué son postdoctorat dans ce même institut. Cela ne remettait pas en cause l'excellence de cet institut mais, même si ce n'est pas très grave, cela reste inacceptable.

Aux États-Unis, Jain créa un nouveau journal à la demande de la société scientifique à laquelle il appartenait. Scientifique de bon niveau – sans plus –, il se lança à corps perdu dans ce processus d'édition. Promouvoir ce nouveau titre représentait, pour lui, une occasion de gagner en notoriété. D'origine indienne, charmant, affable, généreux, il se comportait avec une grande bienveillance. Il fit, dans un premier temps, la « tournée » des scientifiques de bon niveau afin de leur demander une courte revue. Il expliqua que ce journal était une chance pour nous tous. Et promettait une publication très rapide. Alors, pourquoi ne pas l'aider ? Il obtint ainsi un grand nombre d'articles de personnalités de renom, qui furent publiés en moins de deux mois. Ce qui est un vrai record et donna beaucoup d'éclat au journal. La machine Jain était en route. La réputation du titre étant faite, de nombreux auteurs proposèrent des articles. Mais Jain exigea, lors du retour des experts, de mettre en référence des articles déjà publiés dans son propre journal. Car il faut se rappeler que le facteur d'impact d'un journal est lié au nombre de fois où il est cité par les chercheurs… Pascal était un scientifique de haut niveau, qui appartenait à plusieurs Académies des sciences. Comme ses intérêts convergeaient avec ceux de Jain, il publia un article dont la totalité des références provenait de ce nouveau journal. Je n'avais jamais vu cela ! Tout ceci fit s'envoler le facteur d'impact de la revue. Voilà comment Jain a gagné son pari. Son journal étant désormais l'un de ceux qui a le facteur d'impact le plus élevé, il peut attirer les articles les plus sensationnels.

Étant membre de plusieurs comités de journaux, j'ai pu voir la colère des autres éditeurs, qui ont eu l'impression de s'être fait piéger. Avec de telles méthodes, Jain, Pascal et d'autres participent de façon indirecte aux incivilités.

L'éditeur d'un des deux journaux majeurs déjà mentionnés vint me demander pourquoi je ne lui soumettais jamais d'article. Je lui répondis : « C'est simple, vous avez une politique de copains, certes brillants, mais qui sont tout de même des copains. » L'éditeur en resta éberlué. Il avait en effet l'habitude d'être considéré, respecté, presque adulé, puisqu'il détenait le pouvoir de publier ou non un article et, par voie de conséquence, d'influer sur le reste de votre carrière. Il protesta mais, loin de chercher à lui plaire, je lui rappelai une anecdote dans laquelle il était partie prenante et qu'il avait oubliée. Il m'avait demandé d'évaluer le travail de William, un chercheur de renom qui avait refait des expériences similaires aux nôtres, bien qu'il présentât ses résultats comme très innovants. Dans mon rapport, je mentionnai les articles que nous avions publiés quelques années plus tôt et mon commentaire précisait que l'article était bon mais pas exceptionnel, puisque d'autres avaient déjà développé ces résultats. L'article fut tout de même publié avec, en référence, nos articles… L'éditeur, très embarrassé que je lui rappelle ces faits, me répondit : « Je vous offre un abonnement à vie à mon journal et si, un jour, vous avez quelque chose de sensationnel, envoyez-le-moi et vous verrez que l'on ne publie pas que des copains ! »

Comme je l'ai déjà précisé, mes premiers Lego étaient l'utilisation de « moules » comme nanoréacteurs pour contrôler la taille et la forme des nanocristaux. Or il s'avéra que des études faites par d'autres groupes parvenaient à contrôler la forme de nanocristaux sans la présence de « moules ». Je décidai donc de lire tout ce qui avait été publié dans ce domaine et de chercher le fil conducteur qui puisse expliquer le contrôle de la taille et de la forme en présence et en absence de « moule ». Mon groupe en était affolé. Ils pensaient que je me sabordais, et eux avec moi. Ils tentèrent donc de m'en dissuader. Je leur promis de publier seule. Après plus de dix ans de succès, pourquoi me torpillerais-je ? Mais ils le vivaient ainsi, alors que, moi, je m'amusais juste à mieux comprendre. Alfred et Laszlo m'avaient contaminée ! Je tentai de leur expliquer que ce n'était pas grave si la notion de « moule » disparaissait. Nous n'avions rien caché, n'avions pas triché. Rien n'y faisait. C'était la première fois que l'atmosphère au laboratoire était plombée par la peur d'être remis en cause. Bref, après des mois de travail, n'arrivant pas à résoudre ce problème, j'écrivis un article que j'intitulai « La mort du moule » et le fis parvenir à notre éditeur. Piqué au vif, il l'envoya à des experts de tout premier ordre qui conclurent que le « moule » n'était pas mort et apportaient des commentaires extrêmement pertinents. Le combat et les échanges pour comprendre ce phénomène étaient ouverts. L'éditeur me renvoya l'article avec les commentaires des experts et me dit : « Si vous acceptez de leur répondre, je pourrai considérer votre article. Il faut aussi en changer le titre. » J'informai de tout cela mon groupe, qui retrouva un peu de sérénité. Ouf, nous n'allions pas être déconsidérés par la communauté scientifique ! Mais quelle erreur ! C'est en se mettant en danger que l'on peut avancer. Pourtant, là, je n'étais pas arrivée à me faire comprendre. La demande des experts et de l'éditeur représentait un travail considérable. Elle devait faire réellement progresser la thématique. Je me remis donc à la tâche. Des mois plus tard, je renvoyai l'article qui fut finalement accepté et devint le papier le plus cité du journal, cette année-là.

Cet exemple nous montre bien que, si l'on compte le nombre d'articles publiés par rapport au travail fourni, nos décideurs pouvaient estimer que ma production de l'année avait été mineure, alors que je la considère comme majeure puisqu'elle a fait avancer le savoir. Malheureusement, de nos jours, un chercheur débutant ne pourrait se permettre une telle étude.

La remise en cause de résultats obtenus n'est plus vue comme un objet d'étude scientifique, mais comme un risque pour la carrière du chercheur.

Nous disposions de résultats assez étonnants et Mohamed me proposa une expérience que l'on ne pouvait faire sur place, mais il connaissait un groupe, dirigé par Laurent, qui en avait les compétences. Je suggérai donc d'inviter Laurent à venir passer une journée au laboratoire et de faire un séminaire. S'il était intéressé, nous pouvions alors lui proposer une collaboration. Ces expériences et sa présentation furent magnifiques. Je m'inquiétai néanmoins du mode de préparation et de caractérisation des échantillons. Et je m'aperçus très vite qu'il ne contrôlait ni la fabrication ni la structure des matériaux étudiés. Or je sais que, par simple changement d'ordre des mélanges, l'on peut aboutir à des échantillons tout à fait différents, tant par leur composition que par leur structure. J'en conclus que Laurent faisait une très belle physique sur des matériaux mal contrôlés et ses conclusions couraient donc le risque d'être plus ou moins erronées. Nous décidâmes d'une collaboration en utilisant nos propres matériaux, en apparence similaires aux siens. Je doutais pourtant que nous irions au bout de la démarche car, si les résultats étaient différents de ceux qu'il utilisait habituellement, il n'accepterait pas de se dédire. Je lançai à Mohamed : « Vous verrez, Laurent va s'arranger pour ne pas donner suite aux essais, car cela peut mettre en jeu toute son activité scientifique ! » Il ne me crut pas. Malheureusement, c'est exactement ce qui arriva.

De nos jours, la plupart des chercheurs ne peuvent ou ne veulent avouer qu'ils ont commis une erreur. Ils ont trop peur de se saborder. Bien qu'en entrant dans le jeu du mensonge, ils se dévitalisent. Mais le système est ainsi fait. On n'a plus le droit de se tromper alors que l'échec fait aussi progresser. Mon groupe a eu le même type de réaction, quand je leur ai dit : « Le moule est mort ! »

Il y a peu, nous écrivions un article que je trouvais bien, mais sans plus. Comme d'habitude, je demandai à Linlin, le premier auteur, à quel journal elle souhaitait soumettre son travail. Linlin m'en proposa un et je lui répondis : « Ce n'est pas forcément là où il serait le mieux placé… – Mais le facteur d'impact de ce journal est de quinze ! » me rétorqua-t-elle. Qu'ajouter à cela ? Elle savait que j'avais du mal avec cette stratégie qui consiste à toujours cibler le journal à plus fort impact, au lieu du plus adapté. J'insistai quand même un peu pour la faire changer d'avis, jusqu'à ce qu'elle m'explique que sa carrière en dépendait. Je me soumis à son désir, tout en lui disant que l'on perdait notre temps et que, si l'éditeur faisait bien son travail, il le rejetterait. Eh bien, non, les experts émirent un jugement favorable ! Elle vit son article publié là où elle le voulait. À nouveau, le journal l'emportait sur la qualité de l'article. Dans certains pays, comme en Chine, le salaire du chercheur dépend du nombre de ses publications et de l'impact des journaux où il publie.

Justine utilisait les nanocristaux de Denis pour refaire les mêmes expériences. Elle était déjà cosignataire des articles de Denis, mais souhaitait publier seule la même étude. Alerté, l'éditeur répondit que c'était tout de même du beau travail. On ne multipliait plus les pains, comme dans l'Évangile, mais les articles !... Ce n'est pas un cas de plagiat puisque les expériences avaient été refaites, mais cela reste une incivilité. Au moins, on savait que ces expériences étaient exactes...

Nous avons aussi vu le cas de Giancarlo, qui avait retrouvé quelques années plus tard son article signé sous un autre nom. L'éditeur avait promis de publier un rectificatif, ce qui n'a jamais été fait.

Ainsi donc, ce désir d'avoir le plus grand nombre possible d'articles publiés ouvre la porte au plagiat, aux fausses expériences, à l'oubli d'un résultat qui ne corrobore pas avec la belle histoire que l'on raconte... Cela met en danger non seulement la science, mais aussi les jeunes chercheurs. Combien de fois des encadrants ont-ils demandé à des jeunes de dupliquer une expérience décrite comme révolutionnaire et qui, en fait, n'existait pas ? Bien sûr qu'ils ne pouvaient y arriver ! Et combien d'entre eux ont-ils alors été renvoyés pour incompétence, avant que leur responsable ne se rende compte, trop tard, de l'imposture ?

Il semble qu'il n'y ait plus de limites à cette dérive. Je viens d'apprendre que, pour une somme comprise entre 1 500 et 25 000 $, on peut être coauteur d'une publication. Le prix dépendant, évidemment, du facteur d'impact du journal !

Comme on l'a aussi vu, un certain nombre de scientifiques organisent des congrès, auxquels ils invitent les chercheurs, en fonction des thématiques abordées et des échanges susceptibles de faire avancer la science. Mais, du fait de la diminution des crédits de recherche à travers le monde, des frais d'organisation des congrès et du temps dédié à cette entreprise, de moins en moins de scientifiques s'engagent dans de telles opérations. Quand ils le font, il arrive que les invitations soient plus liées au nombre de personnes que vous êtes susceptible de faire venir qu'à votre propre contribution. Certains groupes viennent d'ailleurs à une dizaine, ce qui n'a plus de sens car on est alors dans l'entre-soi.

Lors d'une conférence, il existe quatre types de présentations : la conférence plénière (en nombre très limité – inférieur à 5), la conférence invités (de l'ordre de 10 à 15), les présentations orales ou par affiche. Évidemment, pour une carrière, il est important d'être convié sous la forme d'une conférence plénière ou invitée. Un organisateur m'a confié que Lorraine a ainsi négocié une conférence invitée pour elle, et deux simples présentations pour des membres de son groupe. En échange de quoi, elle s'engageait à faire venir au congrès une dizaine de personnes, qui apporteraient une contribution financière.

Les échanges scientifiques deviennent consanguins et plus personne ne vient vous contredire. Or la science ne peut se développer en l'absence de critiques permanentes et constructives. Et les échanges sont très profitables quand le scientifique se met en danger devant ses pairs.

Lié à l'explosion des thématiques, le manque d'échanges avec nos pairs peut être pallié par la mise en place d'ateliers. Mais la diversité des thématiques rend les projets interdisciplinaires difficiles ; ils ne se développent plus par affinité ou par rencontre fortuite. Chacun traite son sujet, sans aller voir ce qui se passe ailleurs.

Les « grands-messes » d'un domaine de recherche existent toujours. On peut y avoir une vision d'ensemble des activités, bien qu'elles soient de plus en plus diversifiées. Mais elles sont surtout un moment convivial, où la science devient secondaire. Ce sont des parenthèses agréables, qui relèvent plus de la rencontre courtoise, voire amicale, que de l'échange scientifique.

Enfin, depuis quelques années, des agences asiatiques organisent dans des endroits paradisiaques des conférences, au cours desquelles on attribue des prix scientifiques, qui sont liés aux sommes versées. Des chercheurs non aguerris se laissent tenter par de tels colloques où la science n'est qu'un prétexte. Je me souviens d'un grand scientifique primé au Nobel qui s'était laissé « embarquer » et de sa fureur quand on lui avait demandé de payer ses frais d'inscription et de séjour, alors qu'il venait de faire une conférence plénière de tout premier ordre. Il ne s'en est toujours pas remis ! De nombreux jeunes chercheurs de talent se laissent eux aussi prendre au piège. D'autant que les organisateurs s'enorgueillissent de la venue de chercheurs talentueux pour attirer l'année suivante d'autres conférenciers. Ils donnent parfois votre nom sans même que vous le sachiez. C'est un vrai business, très lucratif. Mais où est donc passée la passion de la recherche ?

Heureusement, tout n'est pas perdu ! Restent tous ces scientifiques un peu fous, qui font progresser le savoir. Ils organisent des colloques pluridisciplinaires où nous rencontrons parfois des difficultés à nous comprendre, mais qu'importe ! Petit à petit, nous apprenons de l'autre. Et tout le monde participe aux frais afin d'avancer hors des sentiers battus.

L'« explosion » de la recherche reste phénoménale. Les chercheurs chinois publient de plus en plus et, à terme, ce pays deviendra celui qui détiendra la connaissance. Comment le comité Nobel arrivera-t-il à dénouer le vrai du faux et à faire la part des choses ? Le scientifique un peu « fou » risque de disparaître si toute la communauté n'est pas vigilante. Je reste néanmoins une grande optimiste, qui croit en l'attrait du savoir.

Un monde très particulier

Lorsque mon éditeur m'a demandé ce livre, il voulait que je partage avec le lecteur l'enthousiasme dont je fais preuve quand je parle de mes recherches. Je ne sais si j'y suis arrivée, le lecteur en décidera. Ce qui est certain, c'est que mes projets scientifiques sont un élément central de mon existence. Je pourrais même vivre seule avec eux, s'il n'y avait ceux que j'aime. Je commence d'ailleurs à savoir les protéger. C'est un peu tard, mais qu'importe.

Tout au long de ces années, j'ai essayé, non pas de subir ma vie scientifique, mais d'en être l'actrice. Très lentement, je me suis immiscée dans ce labyrinthe mouvant, où l'on franchit des montagnes, mais où l'on dégringole aussi au fond d'abîmes dont il faut savoir s'extraire. Cet exercice a toujours été ardu mais si enrichissant qu'il m'a fait connaître la joie, la passion, le bonheur. Avec le temps, ce chemin captivant, étroit et inconnu m'a permis de me construire et de savoir ce que je veux et ne veux pas, sans compromission, même si le prix à payer en est parfois lourd.

J'aime comparer ma recherche à ces jeunes pousses d'un chêne, dont l'écorce est si rigide qu'elles ont de la difficulté à s'en extraire. Mon parcours n'a été et n'est possible que grâce à ma mère, puis à ma fille Vannina qui, jour après jour, n'ont cessé d'utiliser un greffoir pour fendiller l'écorce du chêne et laisser passer ces brindilles, qui ont ainsi pu grandir. J'ai aussi été aidée par des personnalités d'exception qui ont traversé ma route. Chaque pousse n'a pas donné une belle branche car certains passants ont pris plaisir à les arracher. Peu importe, d'autres brindilles ont pris de l'importance. Il devient alors difficile de s'y attaquer.

En recherche, si l'on se contente de suivre sa route, l'on s'ennuie. Pour se surpasser, la compétition vis-à-vis de soi-même et des autres est indispensable. Quand on parvient à réaliser un beau projet, l'impression d'être différent et unique nous envahit, et elle est encore plus forte que le plaisir de gagner contre un adversaire.

Mais cette soif d'unicité et de singularité peut aussi devenir notre principal adversaire, en nous amenant à surévaluer notre courage et à nous perdre. Chaque changement de thématique constitue un défi qui peut devenir une impasse et nous faire tomber dans l'oubli. Chercheur n'est pas un métier, c'est une course vers sa passion, comme le fait le peintre, l'athlète, le navigateur ou le musicien...

En vivant du travail des autres, nos scientifiques businessmen ne connaissent pas ce bonheur. Je veux espérer qu'ils se ressaisissent et puissent découvrir le plaisir d'aller de l'avant, d'apprendre, de passer le relais à d'autres. J'ose aussi souhaiter que nos dirigeants ne se contentent plus de paroles bienveillantes vis-à-vis de la recherche et de ses chercheurs mais mettent en œuvre ne serait-ce qu'une petite partie de leurs promesses !

Pour conclure, j'espère avoir convaincu le lecteur que chercheur n'est pas un métier, mais une vocation. Il doit arriver à se libérer de tous les carcans liés, entre autres, à la nécessité de trouver une thématique qui contribuera à l'évolution et à la compréhension de la Science. J'ai appelé Lego ce travail de recherche, car on peut l'assimiler à une construction, que l'on déconstruit pour mieux la reconstruire.

Quand on se libère de tous ces inconvénients, la vie d'un chercheur est superbe, difficile, imprévisible. Et, dans une certaine mesure, solitaire, même s'il ne peut réellement avancer sans échanger et sans l'expérience des autres scientifiques.

Remerciements

À Thierry Billard, pour m'avoir donné l'occasion d'un nouveau challenge, non scientifique cette fois.

À Dominique Jaugay, pour sa lecture bienveillante.

À Lorraine de Plunkett, pour ses conseils lors de la relecture de ce livre.

Table

CET OUVRAGE
A ÉTÉ ACHEVÉ D'IMPRIMER
SUR ROTO-PAGE
PAR L'IMPRIMERIE FLOCH
À MAYENNE EN OCTOBRE 2020

N° d'impression : 97015
Imprimé en France